本书为作者2016年承担的河北省社会科学基金项目"滹沱河流域水环境变迁与区域发展研究（1949–2009）"结项成果，项目编号：HB16LS024

河北省社会科学基金项目

新中国70年华北平原水生态环境的变迁
——以滹沱河流域为例

张学礼 许清海 ◎ 著

人民出版社

前　言

　　随着社会的发展和进步，生态环境问题愈来愈引起人们的高度重视和关注。在2018年全国生态环境保护大会上，习近平指出："坚持人与自然和谐共生，坚持节约优先、保护优先、自然恢复为主的方针，像保护眼睛一样保护生态环境，像对待生命一样对待生态环境，让自然生态美景永驻人间，还自然以宁静、和谐、美丽"。水是人类社会生产和生活不可或缺的自然资源，如何有效改善和维护好水生态环境，是实现人与自然和谐共生的重要一环。

　　新中国成立以来，华北平原地区①水生态环境出现较大变迁，并由此对社会发展产生了一系列连锁反应。以河北省地下水生态环境变迁为例，新中国成立初期到20世纪50年代末为初级开发利用阶段，地下水开发以发展砖石井为主。20世纪50年代末至60年代末为开发利用的发展阶段。70年代为快速发展阶段。由于地表水严重不足，为解决南粮北调、实现粮食自给有余，被迫大量开采地下水，"1973年机井数量骤增到35.38万眼，到1980年底，

---

　　①　华北平原是中国东部大平原的重要组成部分，又称黄淮海平原。位于北纬32°—40°，东经114°—121°。北抵燕山南麓，南达大别山北侧，西倚太行山—伏牛山，东临渤海和黄海，跨越京、津、冀、鲁、豫、皖、苏7省市，面积30万平方千米。平原地势平坦，河湖众多，交通便利，经济发达，自古即为中国政治、经济、文化中心。

　　华北平原是华北陆台上的新生代断陷区，晚第三纪和第四纪逐渐形成连片平原，与此同时平原边缘断块山地隆起，平原区下沉，接受了巨厚的新生代沉积，形成现在的华北平原。

　　华北平原地形平缓，海拔多不及百米，地势由山麓向滨海倾斜，依次发育了洪积扇倾斜平原、洪积—冲积扇形平原、冲积平原（冲积—湖积平原）、海积—冲积平原、海积平原等地貌类型。主要由黄河、淮河、海河、滦河等河流长期冲积、泛滥、改道、淤积而成。其中，海河流域由永定河、潮白河、子牙河、大清河、南运河五大水系和北运河组成。

机井达 57 万眼。从 80 年代至今是地下水过度开采阶段。到 1999 年底，机井数量已达 85.59 万眼，2011 年底达到 90 万眼，占全国机井总数量的 20%"①。

地下水开采大体经历了先浅层、后深层，先山前平原区、后东部平原区的开发过程。20 世纪 60 年代初期，平原区地下水动态基本处于天然状态。70 年代中期，随着地下水开采量的增加，地下水位呈现下降的趋势。经过近 40 年高强度开采后，"2010 年底平原区浅层地下水的平均埋深 16.49m。山前平原区浅层地下水位下降趋势最为明显，年平均下降速率为 0.65m，其中：石家庄市下降幅度最大；冀东平原区除唐山市区地下水位下降较大以外，其他区域地下水位变化不大；中东部平原区地下水位处于逐步缓慢下降状态，全区年平均下降速率为 0.20m"②。

自 20 世纪 70 年代末以来，浅层和深层地下水位逐年下降，集中开采区形成了多个区域性的地下水位下降漏斗，呈现出向漏斗中心汇流的特征，引发地面沉降、地裂缝、咸淡水界面下移等地质灾害的发生。平原地区浅层地下水形成了高蠡清、肃宁、石家庄和宁柏隆漏斗区，"漏斗区中心地下水埋深曾分别达到 28.03m（2010 年）、33.89m（2010 年）、51.15m（2007 年）和 67.31m（2010 年）；深层地下水形成衡水、南宫、沧州等漏斗区，漏斗区中心水位分别达到 83.95m（2010 年）、85.85m（2007 年）和 96.87m（2003 年）"③。

地下水漏斗区的形成引发一系列生态、经济、社会问题，"包括地面沉降、海水倒灌、地陷地裂等地质灾害；还使河流干涸、湿地萎缩，湿地面积比 20 世纪 50 年代减少 70% 以上"④。张宗祜、施德鸿等学者指出："自 20 世纪中期以来，大规模、不合理的地下水开发利用，华北平原地下水动力场、水化学场发生了明显的变化。可以说，地下水演化已进入由量变到质变的新

---

① 吕长安主编：《河北水利大全》，北京：中国水利水电出版社，2016 年，第 10 页。
② 吕长安主编：《河北水利大全》，北京：中国水利水电出版社，2016 年，第 10 页。
③ 吕长安主编：《河北水利大全》，北京：中国水利水电出版社，2016 年，第 10 页。
④ 曹国厂、郭雅茹：《长期严重缺水导致河北平原区形成七大地下水漏斗区》，新华网，2014 年 12 月 11 日。

阶段，人类活动已成为现今控制地下水环境演化的主导力量"①。

除地下水超采外，水体污染也是水环境恶化的重要表现。2013 年 3 月，我国政府有关部门公布的《华北平原地下水污染防治工作方案》中指出，华北平原局部地区地下水存在重金属超标现象，主要污染物为汞、铬、镉、铅等，主要分布在天津市和河北省石家庄、唐山以及山东省德州等城市周边及工矿企业周围；局部地区地下水有机物污染较严重，主要污染物为苯、四氯化碳、三氯乙烯等，主要分布在北京市南部郊区，河北省石家庄、邢台、邯郸城市周边，山东省济南地区—德州东部，河南省豫北平原等地区。这表明华北平原水生态环境已经到了"非治不可"的关键阶段。

根据《海河水利》提供的资料显示，20 世纪末期，海河流域的水环境状况已经堪忧。无论水资源总量、水资源浪费，还是水体污染、水土流失等方面都存在较大问题。"据统计 1992 年海河流域河道共接纳污水 40.33 亿吨。其中工业废水 34.58 亿吨，污净比高达 1∶6.5，高居全国七大流域之首。海委水保局对流域内 4972 公里长的河段评价结果表明，达不到地面水质标准Ⅲ类的河段枯水期占 68%，丰水期占 56%，全流域共有 30 座大型水库，其中14 座受到污染，占 46.6%。地下水也受到不同程度的污染，在调查的 2000 多眼监测井中，有 2/3 以上水质不符合生活饮用水卫生标准"②。

流域水生态环境变迁还造成对生态圈的破坏。由于某些生物种群不适应生态环境状况的改变，出现了种群灭绝或迁徙，破坏了生态平衡。漳卫南运河属于海河流域南部河流，由于长期污染，河流水生态环境遭到严重破坏，造成河流生态严重恶化，包括藻类、浮游动植物、底栖动物各类种群生态都发生了巨大的变化。"通过水质监测和库区植物、浮游动植物、底栖动物调查，进行了水库富营养化分析评价。结果表明，岳城水库水质已经属于富营养化，存在蓝藻爆发威胁"③。

华北平原的水生态现状的形成显然"非一日之功"，它是人类社会生产和

① 张宗祜、施德鸿等：《人类活动影响下华北平原地下水环境的演化与发展》，《地球学报》1997 年 11 月，第 18 卷第 4 期。

② 鄂竟平：《为彻底改变海河流域水环境而奋斗》，《海河水利》1997 年第 2 期。

③ 于伟东、王立卿：《漳卫南运河中下游生物现状调查及初步分析》，2009 年 GEF 海河流域水资源与水环境综合管理项目国际研讨会论文。

生活对水生态环境长期"施压"的结果。也进一步对社会发展造成了若干负面影响。广大农村大多将浅层地下水作为饮用水源。由于水体污染，很多农民不能不改变饮水方式。"近年来，由于部分企业污染治理设施未建成即投入使用、污水处理设施破损渗漏以及污水排放缺少防渗设施等原因，工业污水、农耕肥料、城市生活污水等渗透到地下水，部分农民担忧饮水质量影响身体健康，被迫外购经净化过的自来水或桶装水"①。

对于华北水生态环境变迁的驱动因素及变迁表征，相关学科都做了深入的研究和探讨。本书试图从环境史的角度来探寻华北地区水环境变迁的历史脉络，试图从水环境变迁与社会演变的视角来分析水环境变迁的进程以及由此造成的水环境变迁与社会演变的互动机制，从而进一步探寻水环境变迁中的社会驱动机制，以此来规范和指导人们在利用和开发水资源过程中的行为。

之所以选取华北平原的滹沱河流域为解读对象。主要有以下考量：一是从水生态环境变迁典型上，滹沱河流域水生态环境经历了"从有水到无水""从净水到脏水""从浅水到深水"的变迁过程。滹沱河流域内建有岗南水库、黄壁庄水库等大型水利工程，经历过"一定要根治海河"全民性水利治理工程建设。因此，该流域具有水环境变迁的多种驱动因素特征。二是从区位特征上，滹沱河流域横跨山西、河北、天津等地，具有山区、平原、临海等多种地理单元。三是从历史文化上，滹沱河流域诞生了区域文明。早在距今约 1 万至 300 万年以前的旧石器时代早、中、晚期，在太行山中的滹沱河水系流域，就繁衍生息着人类先祖，拉开了创造人类文明的帷幕。四是从生态现状来看，滹沱河流域水生态环境虽然遭受了一定程度的破坏，但目前，滹沱河流域沿线地方正采取有效措施来极力恢复滹沱河水生态环境，并取得了一定成效。根据《石家庄市城市总体规划》及《石家庄市绿地系统规划》的要求，河北省有关部门会同石家庄市对滹沱河进行综合的开发和规划，"经过生态开发综合整治及相应的基础设施建设，滹沱河区域将形成"一核""一廊""一线""数园"总体格局"②。因此，"麻雀虽小，五脏俱全"，滹沱河流

---

① 王昆、刘宝森《华北平原地下水污染严重》，新华网，2013 年 6 月 9 日。
② 《河北全面整治滹沱河 石家庄段将成为大型花园》，中国水网，2003 年 4 月 9 日。

域水环境变迁具有多种典型性特征，我们通过对滹沱河流域水环境变迁的考察，可以为区域社会水环境变迁研究提供样本和借鉴。

新中国成立以来，随着滹沱河流域水资源开发和利用及降雨量变化等自然因素的影响，流域水生态环境发生了巨大变化。流域出现了河道干涸、航运消失、生物种类变迁、地下水漏斗、沙尘天气等现象。目前学术界已对其变迁的自然表现特征进行了比较深入的研究，而对水环境变迁背后的自然因素和人类活动的交织过程研究相对薄弱。本书拟以自然科学研究为基础，试图探寻滹沱河流域水环境变迁中的"人地关系"互动，重点考察人类活动、社会运行机制、社会心态与思维意识等因素在流域水环境变迁中的作用。

本书取得了如下研究成果：

1. "水"资源是滹沱河流域社会演变的重要推动力。本书通过考证滹沱河流域文化、经济、交通发展演变，甚至于政治抉择，可以看出"水"资源促进了流域社会的发展变迁。（1）地名文化、地方文学和风俗信仰中的"水"资源要素。如：石家庄市庄窠村村名即由"装货"一词的谐音发展而来。此地原为古运粮河的装货码头，故初称"装货"。后来古运粮河干涸，水运码头废弃，渐成村落，村名谐音演变为庄窠。至今当地村民仍读为"装货（音）"。（2）"水"资源与养殖产业、健康产业、休闲产业、河道产业的发展。岗南水库和黄壁庄水库的修建促进了沿河滩地的开发。"建库以后，特别是1980年以后，沿着滹沱河两岸河滩开发造地15万亩，种植果树、花生、西瓜、红薯等，年亩收入500元以上，年总收入近1亿元"。（3）滹沱河水运曾是河北省和天津地区经贸往来的重要水上交通方式。（4）"水"资源与政治抉择。"滹沱河为平山县提供了水田13万亩、旱田25万亩、山坡地8万亩，盛产小麦、玉米、水稻以及其他各种杂粮，夏收麦、秋收稻，一年收两季，全县最富的就是西柏坡村……平均每年收27万吨粮食"，这也造就了晋察冀的"乌克兰"——西柏坡，由此也促成了中央选择西柏坡作为"中国革命最后一个农村指挥所"的重要因素。

2. 水体污染是滹沱河流域环境恶化的主要因素。水体污染是滹沱河流域水生态环境变迁的重要特征之一。其主要污染来源包括企业生产、公共卫生事业、社会生活中的废水排放以及农业生产中过量使用农药与化肥。

这种水"质"之变不仅改变了流域水环境的自然状态，进而引发人们生活方式、生产方式、社会心态、区域水案等系列变迁。（1）农业生产环境遭到破坏。如辛集县"先后有10万多棵树木因害枯死，该县城关佃士营大队就有5000棵将成材的树木被碱死，自1976年以来，该县有400亩小麦、500多亩大秋作物被污水淹毁"。同时，地下水也受到污染继而出现大批机井作废的现象。（2）农村社会秩序的改变。有些地方长期饮用被污染的水，发病率显著增高，婴儿畸形怪胎增多，从而造成社会个体安全感的缺失。石家庄市污水导致栾城县境内、沿河两岸附近的地下水污染日趋严重。"地下水污染11个乡镇，120平方公里的土地，据卫生部门调查，污染区癌症的发生率明显增加，大大高于对照的清灌区，南焦村大队1980年因病死亡中因癌症死亡86人，占35.5%。1975年束鹿县防疫部门调查，"草丛的蚊子成群，特别是桥壁上的密度更大，每平方米约达5000—10000个，而且这些蚊子能够传播疟疾、大脑炎等流行性疾病"。（3）城市公共安全隐患的出现。城市"水缸"的"生态危机"成为社会公共安全的隐患，给城市安全运行带来巨大风险。岗南水库和黄壁庄水库均出现水体污染。"口头、横山岭、岗南、黄壁庄四个水库，除了口头外，横山岭和岗南水库，五种毒物发现了三种，主要是氰化物。黄壁庄水库中五种毒物发现了四种"。（4）"水"生态环境变迁导致区域间不协调现象的出现。流域出现了束鹿县工业污水污染下游衡水地区，石家庄地区污水污染栾城、赵县等地的跨区域水污染纠纷现象。（5）由于水体污染造成了赵州桥等文物古迹生态环境条件恶化，在对外交往中极大影响了我国的国际形象。

3. 水利工程背景下流域生态与社会变迁。水利工程的实施改变了"水"的自然存在状态。一方面，从水旱灾害减轻、经济效益开发、生态环境改变等方面，人类是最终"受益者"。（1）从防洪效益来看，流域内洪水肆虐情形得到有效改善。以黄壁庄水库为例，1959到1979年如果不建库可能受淹面积809万亩，而建库后，滹沱河下游同期总减少淹地面积379万亩。（2）从农业效益来看，引水工程极大改善了农业生产条件。忻州市滹沱河灌区受益范围涉及当地3个县（市区）14个乡镇123个村和1个国营农场，除了主要粮食作物玉米以外，还有辣椒、甜玉米等经济类作物。"灌溉农业总产值约8亿，灌区内人口20万人"。（3）从综合利用上，发电效益有效提升了水资源潜能开发。黄壁庄水库自建库到 1986 年"工程效益为 21.25 亿元，其中工程总投资和运行管理费（包括群众投劳折资）为 3.6875 亿元，工程净效益为 17.5635 亿元"。（4）从生态效益来看，水利工程改善了区域生态条件。忻州市滹沱河灌区建立后，不仅改善了当地的农业生产条件，同时进一步促进了生态的良性循环。"地面风速降低 30% 左右，相对湿度提高 14% 左右，蒸发量减少了 28%，增进了人民健康，改善了生存环境"。

其次，流域出现了地表水系统、地下水系统、区域小气候与生物种类变迁等自然现象，以及社会人口迁移、交通方式变迁、生存条件恶化等社会连锁反应。（1）水利移民改变了区域人群的正常生存状态，出现一系列"移民综合征"。如移民生活十大难："行路难，吃水难，上学难，看病难，买东西难，用电难，住房难，吃粮难，生产难，结婚难"。（2）随着河道水量的减少，滹沱河水运继而逐渐消退，航运业等经济模式也逐渐消失。（3）水环境变迁背景下，社会群体逐渐表达了其生态诉求。早在 20 世纪 50 年代，人们就表达了加强滹沱河流域生态建设的诉求。尤其是改革开放以来，滹沱河流域生态的恢复和保护的呼声越来越高，逐渐提至社会决策层面。石家庄市提出了《滹沱河生态修复工程规划暨沿线地区综合提升规划》，实施"一城七县，拥河发展"的发展理念，提出了建设生态滹沱河、安全滹沱河、文化滹沱河、活力滹沱河、智慧滹沱河的具体目标。

4. 地下水开发背景下流域生态与社会变迁。 地下水资源在社会生产中，尤其在农业产生中，发挥着重要的"推动力"作用。地下水开发满足了流域农业生产用水的基本需求，出现"有井一片绿，无井一片黄"的现象。（1）20 世纪七八十年代，流域农业发展直接受益于地下水资源开发和利用，出现"天旱地不旱，越旱越增产"的特殊景象。"1953 年石家庄地区平均亩产量 97.5 公斤，皮棉 20.7 公斤。大旱的 1972 年连续 200 多天未下透雨，全区平均粮食亩产仍然达到了 286.4 公斤，皮棉 26.5 公斤，1979 年出现的伏旱，"卡脖旱"，8—9 月份降雨仅有 48 毫米，比常年降雨量少了七成多。由于充分发挥了机井的作用，战胜了干旱。全区平均粮食总产 20.41 亿公斤，单产 448 公斤，均创历史最高水平"。（2）地下水开发不仅可以保证农业生产发展的需要，同时也是一种"回报率"较高的投资渠道。无极县单井净收益 1078

元/年，4 年可以收回全部投资，单井获纯利润 6468 元。（3）地下水过度开发引发了一系列生态环境的相应改变。如无水可打、埋深持续增加、地下水漏斗形成、机井枯竭。因此，应实现生态反应与社会决策修正相对应，确保水利规划与生态条件相一致。

5. 流域水资源管理的历史考察与借鉴。 水资源科学管理机制的构建是维护水生态环境的重要环节。本书对 20 世纪七八十年代石家庄生态环境管理进行了历史考察，得出如下启示：首先，构建生态社会管理科学运行机制：（1）应构建水生态保护的全员介入管理机制；（2）水生态环境保护应纳入国民经济发展计划和管理轨道；（3）倡导生态管理法制思维，健全组织设置，提升执行效率。其次，提升社会群体生态认知水平：（1）树立对"水"生态的敬畏意识；（2）摒弃"生态与生产对立"的片面思维；（3）发挥生态环境教育的教化作用。

6. 流域水环境变迁的非自然驱动因素及和谐水生态理念的构建。 流域水环境变迁的非自然驱动因素主要包括：（1）城乡二元结构。传统社会中，城乡发展不平衡以及对应的工业与农业不同的产出比造成了城乡二元结构的出现，表现在流域水资源分配上即为城市优于农村，工业先于农业。（2）新时代的生态要求与部分传统产业的对立。在新时代新的生态要求面前，部分传统产业面临去留抉择，但是这些产业又背负有群体生存的社会责任，这就出现了新时代新的生态要求与传统产业的博弈。（3）社会若干主体的矛盾定位。首先，从社会个体来讲，一方面社会个体对水生态环境具有一定的要求，同时部分个体也存在缺乏水生态意识，破坏水生态环境的行为；其次，在现有政府绩效考核的体制之下，往往是水生态的保护服从于对地方生产总值的过分追求，也就出现了政府监管行为无效性。（4）人类物欲主义的存在造成了人们对流域水环境经济功能的过度追求，以至于忽视其生态功能和社会功能。

从宏观视角上，建议构建与实践和谐水生态理念：（1）实现城乡均衡协调发展，体现水资源共享的公平环境；（2）从提升水资源利用效能、加强科技支撑、完善法制建设、把握水生态环境变迁的滞后性特征等方面借鉴和反思他国流域治理经验；（3）发挥政府主导作用，形成社会多层级水生态运行保障机制；（4）尝试突破流域的自然属性与行政管辖属性的博弈。

目　　录

绪　论

　　滹沱河为海河流域子牙河水系两大支流之一，发源于山西省晋北高原繁峙县横涧乡泰戏山脚下的桥儿沟村，流经山西省繁峙县、代县、原平市、忻县、定襄县、五台县、盂县，于猴刿流入河北省平山县境内。在河北境内流经石家庄市平山县、灵寿县、正定县、鹿泉市、藁城市、晋州市、无极县、深泽县，再流经衡水市安平县、饶阳县、武强县，至沧州市献县老河口枢纽与滏阳新河汇合后成为子牙河。

　　滹沱河被称作为"小黄河"，原属黄河水系。历史上，因黄河多次改道，滹沱河河道也经多次变迁。公元1868年，滹沱河在河北省藁城县、晋县间改道北徙，与滏阳河不再相通。从藁城县冯村决口，经辛庄、管洽、白水、侯城、庞村等村之南，北流入束鹿县章村，再北经深县、饶阳县、沿古洋河直入五官淀。公元1871年，滹沱河流域发生大水，导致河道北徙，经晋县管洽村北，于东北方向经无极县龙泉固往东，经深泽县方元村、中山村东流，至衡水市安平县进入古洋河。公元1881年至今，滹沱河一直行现道而无大变。

　　历史上滹沱河的名称几经改变。《山海经》称作之"滹池"，《礼记》称之"恶池"或"灈池"，《周记》则写作"乎池"或"滹池"，《汉志》中为"滹沱"，《史记》称之为"滹沱或亚沱"，《水经注》中称做"滹沱"，《法言·五子篇》称为"恶沱"，《隋图经》中则改为"清宁河"。滹本为"呼"或"滹"，即为呼啸之意，"沱"意为滂沱。在由山西高原地区进入到河北平原地区以后，由于这种自然的"纵坡陡峻"一定程度上造成滹沱河急猛的水势，加剧了水患的肆虐程度，从其名称"恶池、滹池、滹沱"就可以看出。

在人类开发与利用水资源过程中，水生态环境变迁问题也随之出现，它反映出在人地关系互动中，自然界对人类开发自然行为的回应，这种变迁主要表现为水的数量、质量、功能等参数的变化。水生态环境变迁的驱动因素主要包括两种：一是自然因素，诸如洪水、干旱等，这也称为原生水环境问题；二是人类活动所引起的水生态环境变迁问题，诸如水利工程、农业开发、污水排放，这被称作次生水环境问题。本书主要以第二种为考察对象，探讨在滹沱河流域人地关系互动过程中，由于人类活动所导致的流域水生态环境的历史变迁。

一、选题缘由与研究意义

随着人类活动对自然环境的作用和干扰，水环境变迁问题也由此产生。自然环境为人类社会的生存发展提供物质基础与活动场景，同时，人类则通过自身的种种活动为自然环境打下深深的烙印。随着人类改变环境的能力日渐增强，这种烙印更多表现为自然界对人类社会的种种"惩戒"。

（一）选题缘由

1. 现实启发之微观视域：滹沱河流域水生态环境变化加剧

从新中国成立至今，滹沱河流域水生态环境出现了较大的历史变迁，这种变迁的驱动因素中既有自然因素，也有社会因素。通过考察滹沱河流域水环境变迁的历史过程及驱动机制，可以对当前社会如何利用水资源提供历史借鉴，对实现生态环境与经济社会协同发展具有重要意义。

第一，水运兴衰。从历史时空发展来看，新中国成立至今的时长其实非常短暂。但是，滹沱河流域水生态环境却出现了较大变迁。仅近 70 年的社会发展中，滹沱河流域出现了"断流"、"水体变质"、"气候变迁"、"地下水漏斗"等各种水生态问题。历史上的滹沱河"春天苦旱河底干，秋季发水浪滚翻，粮仓冲走房屋塌，无吃无住无人管"[①]。由于丰富的水量，滹沱河流域水

---

① 刘毅：《亘古长河 燕赵精魄》，《燕赵晚报》2010 年 7 月 1 日。

上交通较为发达，沿河村庄一般都设有渡口为人们提供交通出行之便。昔日滹沱河的漫漫水势与今天的"断流"形成鲜明对比。出生于滹沱河畔的河北省安平县著名作家孙犁在《芸斋梦余·关于河》中写道："童年，我在这里，看到了雁群，看到了鹭鸶。看到了对槽大船上的夫妇，看到了纤夫，看到了白帆。"这里的"河"即为滹沱河。

滹沱河不仅为人们出行提供了便利，而且也是经济发展的重要驱动力。新中国成立前，滹沱河流域"水运经济"已经比较发达。"正定境内有渡口7处，由平汉铁路（今京广铁路）柳辛庄车站下站货物由此转河道东运。北高营，柳林铺一带有货栈数十家，较大的晋丰、宝丰、太和、永聚、永兴等。街道上有饭馆二、三十家，有平板船五、六十艘，都是私人经营，每船4人……下流货物有山货、粮食、煤炭等，回程运回烟酒、火柴、食盐、煤油、布匹及日用百货"①。

新中国成立初期，水运仍为滹沱河流域重要的交通出行方式。深泽县"有运航船20只，排子船12只，西趋太行，下达天津，藁城码头是重要装卸点，参加航运的船只有200艘，设有专门经营航运的会通货栈，有搬运工人300余名；1955年，天津航运局在藁城设内河航运站，每日发船80余艘，年运量超过3万吨"②。之后，随着多元化交通方式的出现，岗南、黄壁庄两座水库的修建以及下游河道干枯等因素所致，滹沱河水运最后终止。

滹沱河流域水运的兴衰对社会发展产生了较大的影响，以水运为谋生手段的社会群体开始寻求新的谋生方式，航运码头开始衰落，人们的外出交通方式也随之发生改变。

第二，地下水之变。从地下水资源开发和利用来看，滹沱河流域地下水生态环境也出现了较为明显的改变。新中国成立初期，粮食安全是关系国计民生的重大问题，地下水的开发和利用确保了农业生产的稳步发展。但是，人们对地下水过度开发，引发地下水位下降以及各类次生水生态环境问题。以石家庄区域为例，其地下水超采后果尤其严重。2013年，"石家庄市总用水

---

① 《正定县志》，北京：中国城市出版社，1992年，第421页。
② 《石家庄地区志》，北京：文化艺术出版社，1994年，第371页。

量31.2亿立方米，其中地下水24.17亿立方米，占总用水量的近百分之八十，地下水超采10亿多立方米"[①]。以河北省晋州市为例，20世纪60年代，当地大力发展井灌，进行了大规模的机井建设，忽视了地下水再生的自然规律，从而导致地下水漏斗现象的出现。"机井增加，连年超采，使得地下水位大幅度下降，出现了以小樵东里庄为中心的两个漏斗区"[②]。

第三，水"质"之变。随着经济社会的发展，沿河生产企业的污水排放导致的水体污染问题也愈发严重。这种水体污染不仅导致河流水质改变，而且影响到人们的生活、生存方式及社会心态。2013年9月6日，《燕赵都市报》报道了石家庄市深泽县滹沱河湿地的污染情形："在静水区水面上，漂浮着一层褐色凝结物，中间有黑色气泡不时涌出水面，打破了褐色的覆盖和水面的宁静。水面外围是一片片建筑渣土或生活垃圾，在连片的水面之外，还有小片溢出去的墨汁样污水，水中及外围是大片杆状枯死荒草，不像是蓖麻，却散发出水沤蓖麻那种令人作呕的臭味。"[③]

第四，气候之变。近年来的沙尘天气是滹沱河流域生态环境变迁的特征之一，除了气候、沙漠化等影响因素外，滹沱河流域水生态环境变迁也是其驱动因素之一。随着滹沱河河道水流量减少，出现了河道干涸现象，因此，在一定风速自然条件带动之下，形成了区域性沙尘天气，从而改变了区域气候环境。

2. 现实启发之宏观视角：水生态变迁与社会演变

在人类开发能力有限以及自然界容量巨大的前提之下，人类活动对于生态环境的改变几乎可以忽略不计。但是，随着人类从自然界获取能量的技术水平与获取量有了巨大的提升和改变后，自然界会通过各种不同的形式来"抗议"人类行为。

农业社会时期，人类处于有限的自然改造时期，人类的生产、生活的生态破坏性并不明显。这一时期人类与自然界是和谐相处的。工业化时期以后，随着工业化水平进一步提高，自然界面对的是一种"难以承受"之重，由此，

---

① 范春旭：《石家庄地下水超采严重成南水北调中线最大漏斗》，《新京报》2014年9月15日。
② 《晋县志》，北京：中国文史出版社，1999年，第224页。
③ 李春炜：《拯救母亲河 滹沱河污染现状调查》，《燕赵都市报》2013年9月6日。

人类与自然界也就进入"不和谐"时期。这种现象最初出现在西方发达国家。"在 1873 到 1892 年间，伦敦多次发生有毒烟雾事件，死亡近千人，这一阶段的环境污染属局部的、暂时的，其造成的危害也是有限的"①。

随着发展中国家的崛起，生态环境问题也逐渐演变为全球性问题。人类在处理生存和生态的关系中，某种程度上暂时放弃了对自然的敬畏，导致生态环境问题日益凸显。20 世纪 70 年代，美国提出不能先污染再治理，要把污染的预防放在突出的位置。1970 年 4 月 22 日的游行示威活动是"1972 年斯德哥尔摩人类环境会议召开的背景，会议通过的《人类环境宣言》唤起了全世界对环境问题的注意。"②

从新中国成立至今近 70 年的发展历程来看，人类与自然界的互动关系也逐渐走到了自然界"忍无可忍"的阶段。新中国成立初，面对"一穷二白"的困局，满足人们"吃饭"是第一要务，甚至于提出"人定胜天"的宣传口号，这一时期的社会发展是以基本忽略自然界"感受"为主要特征。

改革开放以来，在片面追求地方政绩和 GDP 的体制背景之下，经济发展全面开花，生态问题也日趋严重。直到人们重新认识和定位了人类与自然的关系后，我国提出了科学发展观的发展理念。之后，我国把生态文明建设增列为政治建设、经济建设、文化建设、社会建设之后的第五个方面，从而形成了"五位一体"的发展理念。

从全国范围来看，水生态环境的历史变迁也反映出这一社会发展背景。突出表现为，废水排放量和污染程度逐年增加，受污染的河流湖泊面积持续增加。"近些年，我国的水质状况总体上呈恶化趋势，1980 年，全国污废水排放量为 310 多亿 m^3，2000 年为 620 亿 m^3，2011 年为 807 亿 m^3，呈逐年递增趋势。随着排污量的日益增加，我国主要河流湖泊普遍受到污染"③。

同时，我国地下水生态环境状况也日益恶化。北方地区过量开采地下水导致水位持续下降，引发地面沉降、地面塌陷、地裂缝和海水入侵等环境地质问题，并形成地下水位降落漏斗。"根据全国地下水利用和保护规划统计显

① 窦明、左其亭：《水环境学》，北京：中国水利水电出版社，2014 年，第 3 页。
② 窦明、左其亭：《水环境学》，北京：中国水利水电出版社，2014 年，第 4 页。
③ 窦明、左其亭：《水环境学》，北京：中国水利水电出版社，2014 年，第 4 页。

示，全国地下水超采面积已达 24 万平方公里，涉及北京、天津、河北、山西、辽宁、吉林、江苏、山东、河南等 24 个省市自治区"①。

水生态环境变迁除了造成生态破坏以外，也给国家安全、社会民生、生态安全等带来负面效应。水生态环境变迁所导致的大量疾病会对人类健康产生巨大威胁。我国伤寒、腹泻等疾病屡有发生，很大程度上与水体污染有密切关系。水生态环境变迁会严重影响社会经济的稳步和可持续发展。在 1993 年至 2004 年大致十年的社会发展中，生态污染造成的破坏效应令人触目惊心。在此期间，"全国共发生环境污染事故 21152 起，其中特大事故 374 起，重大事故 556 起，污染事故发展态势不容忽视，这些事故对工农业生产和人民生活造成极大危害，直接经济损失达到数百亿元"②。

由此可见，水生态环境变迁具有极强的社会破坏力。如果不能改变发展理念，采取切实可行的举措来改变和提升水生态环境质量，水危机问题将会成为我国经济社会发展的巨大阻碍。

基于以上分析，从现实关怀的视角看，有必要探究滹沱河流域水生态环境变迁的历史脉络，明晰水生态环境变迁下的自然与社会之变。

3. 前期积淀：基于"水"的关注

笔者长期关注于"水"问题研究，其硕士论文为《河北根治海河运动探析》，并主持过河北省社科基金课题《根治海河与河北水患治理》和《根治海河精神与"善行河北"的历史渊源》，河北省教育厅青年基金课题《环境史视域下的河流与区域社会发展研究》，发表《根治海河工程的历史经验与现实价值》、《根治海河精神与"善行河北"的历史渊源》等文章。因此，笔者具备一定的学术积累，滹沱河流域生态环境问题研究是对以往研究的进一步深化。

（二）研究意义

1. 学术意义：加强滹沱河流域当代生态环境变迁研究，构建滹沱河流域水环境变迁的历史全貌

从时空来看，对滹沱河流域当代水生态环境变迁史研究，将会进一步丰

① 窦明、左其亭：《水环境学》，北京：中国水利水电出版社，2014 年，第 4 页。
② 窦明、左其亭：《水环境学》，北京：中国水利水电出版社，2014 年，第 5 页。

富生态环境史研究的内容。本书致力于探寻滹沱河流域水生态环境变迁中的人地互动关系，分析基于环境变迁视域下的人类社会与自然的互动关系，进一步总结滹沱河流域水生态环境变迁的历史经验与教训。

丰富滹沱河流域文明发展史的研究。从区域重要性来看，滹沱河是石家庄的母亲河，形成了灿烂辉煌的滹沱河文明。滹沱河流域的水生态环境变迁研究有助于进一步丰富滹沱河文明的历史内涵。

2. 现实意义：为当代社会水生态环境治理提供决策依据

"物有本末，事有始终，知所先后，则近道矣"。对于滹沱河流域水生态治理来讲，首要之义在于厘清历史时期流域水环境变迁的过程，人地互动的历史脉络，通过对历史的反省和认识，为当前的水生态治理提供决策依据。因此，生态环境战略的制定，既需要前瞻性研究，也需要回顾性思考。

为促进京津冀生态环境协同发展和构建美丽中国提供理论支撑。在河北省出台的《关于加快推进生态文明建设的实施意见》（2015 年 11 月 14 日）中就指出："到 2020 年，资源节约型和环境友好型社会建设取得重大进展，京津冀生态环境支撑区初步建成，生态文明建设水平与全面建成小康社会目标基本适应。"因此，滹沱河流域水生态环境变迁研究对于京津冀生态环境协同治理和发展，实现美丽中国具有重要意义。

二、学术史回顾

滹沱河流域水环境变迁的研究属于跨学科研究，自然科学方面主要涉及地质学、水利学、地理学、植物学等学科。这些研究成果涉及滹沱河流域河道变迁、地下水生态变迁、湿地生态保护、水利工程与生态环境等相关内容；社会科学方面则包括环境史、伦理学、社会学、水利史、历史地理学等方面的研究。

（一）自然科学研究

相关研究成果从技术层面关注滹沱河流域水生态环境变迁的主要特征，同时，也就如何面对和解决水生态变迁提出解决路径，展现出滹沱河流域水环境变迁的"技术数据"。其主要关注点包括：

1. 部分研究成果对滹沱河流域"水"环境问题进行了技术分析。主要涉及地下水水文特征、河道径流量变化、湿地系统、城市水环境等。其中，关注地下水研究的主要成果有唐春雷的《石家庄市滹沱河地下水源地与地下水库联合调控研究》①、庞豫虎的《河北鹿泉市黄壁庄地区地下水脆弱性研究》、冯创业的《利用滹沱河地下水库调蓄引江水工程方案研究》②、代俊宁的《滹沱河冲洪积扇地下水回灌研究》、肖丽英的《海河流域地下水生态环境问题的研究》③。城市水环境是滹沱河流域水环境的重要组成部分，随着城市人口增加和经济发展，城市水环境问题也日益成为人们关注的焦点。这一方面的研究成果主要有郭颖娟的《石家庄市城市用水健康循环研究》④、王欣宝的《石家庄市城市地下水污染防护性能评价研究》⑤ 等。

部分研究成果注重科技方法在水环境问题的应用与实践研究。如毕攀、许广明、李颖智等的《GIS 技术在区域水资源调蓄中的应用——以滹沱河冲洪积扇地下水调蓄研究为例》⑥，姜雪、赵文吉、董双发的《高分辨率卫星影像在生态环境调查及生态功能区划分中的应用研究》⑦。

有的研究成果从技术层面提出了解决之道。如常青、李洪元、何迎在《北方城市干涸河流区域资源管理与环境整治模式——以滹沱河石家庄市区段生态恢复与重建模式为例》⑧ 一文中，针对北方典型城市干涸河流生态恢复与环境整治模式，对滹沱河石家庄市区段的生态环境现状进行了调查与分析，提出了以"以绿代水"的生态恢复与重建模式。韩晨霞、赵旭阳、张灵芝等

---

① 唐春雷：《石家庄市滹沱河地下水源地与地下水库联合调控研究》，硕士学位论文，石家庄经济学院，2012 年。

② 冯创业：《利用滹沱河地下水库调蓄引江水工程方案研究》，硕士学位论文，天津大学，2012 年。

③ 肖丽英：《海河流域地下水生态环境问题的研究》，硕士学位论文，天津大学，2004 年。

④ 郭颖娟：《石家庄市城市用水健康循环研究》，硕士学位论文，河北科技大学，2013 年。

⑤ 王欣宝：《石家庄市城市地下水污染防护性能评价研究》，硕士学位论文，天津大学，2009 年。

⑥ 毕攀、许广明、李颖智等：《GIS 技术在区域水资源调蓄中的应用——以滹沱河冲洪积扇地下水调蓄研究为例》，《地下水》，2008 年第 2 期。

⑦ 姜雪、赵文吉、董双发：《高分辨率卫星影像在生态环境调查及生态功能区划分中的应用研究》，《测绘与空间地理信息》，2006 年第 6 期。

⑧ 常青、李洪元、何迎：《北方城市干涸河流区域资源管理与环境整治模式——以滹沱河石家庄市区段生态恢复与重建模式为例》，《自然资源学报》，2005 年第 1 期。

在《滹沱河岗黄段湿地重金属污染的植物修复探讨》[①] 一文中提出以"植物修复"技术改善滹沱河流域湿地污染。

2. 部分研究成果分析了气候变化、降水等自然因素在滹沱河流域水环境变迁中的影响力。如许建廷在《河北省滹沱河流域山区年径流变化情势分析》[②] 中分析了不同时空下山区径流量的变化特征，王电龙、张光辉、冯慧敏等在《降水和开采变化对石家庄地下水流场影响强度》[③] 中分析了降水和开采对石家庄地下水变化的影响度。

3. 部分研究成果分析了人类活动影响下的水体环境改变的量化考察，主要涉及水体污染和河道流量减少、河床状态改变等。如李亚松、张兆吉、费宇红等的《滹沱河冲积平原浅层地下水有机污染研究》[④]，崔向向、张兆吉、费宇红等的《滹沱河典型场地土壤污染状况研究》[⑤]，裴青的《石家庄市地表水源氮、磷污染分布特征》[⑥]，这些对水体污染的量化分析研究成果为如何改善水质提供了数据支撑。

4. 有学者关注水环境改变下的自然特征表现研究。主要集中于滹沱河流域下游河道生态、生物多样化改变等，尤其是关注滹沱河下游生物多样化研究成果较多。如师长兴的《滹沱河上修建水库后下游河床演变》[⑦]，孙砚峰、李东明、李剑平等的《河北省滹沱河中游湿地鸟类多样性研究》[⑧]，朱会苏的《黄壁庄水库鱼类种类变化初探》[⑨]，武欣 赵瑞亮的《滹沱河山西段鱼类资源

---

① 韩晨霞、赵旭阳、张灵芝等：《滹沱河岗黄段湿地重金属污染的植物修复探讨》，《石家庄学院学报》，2007 年第 6 期。

② 许建廷：《河北省滹沱河流域山区年径流变化情势分析》，《水科学与工程技术》，2008 年第 6 期。

③ 王电龙、张光辉、冯慧敏等：《降水和开采变化对石家庄地下水流场影响强度》，《水科学进展》，2014 年第 3 期。

④ 李亚松、张兆吉、费宇红等：《滹沱河冲积平原浅层地下水有机污染研究》，《干旱区资源与环境》，2012 年第 8 期。

⑤ 崔向向、张兆吉、费宇红等：《滹沱河典型场地土壤污染状况研究》，《科学技术与工程》，2015 年第 15 期。

⑥ 裴青：《石家庄市地表水源氮、磷污染分布特征》，《地理与地理信息科学》，2004 年第 3 期。

⑦ 师长兴：《滹沱河上修建水库后下游河床演变》，《泥沙研究》，1995 年第 4 期。

⑧ 孙砚峰、李东明、李剑平等：《河北省滹沱河中游湿地鸟类多样性研究》，《四川动物》，2004 年第 2 期。

⑨ 朱会苏：《黄壁庄水库鱼类种类变化初探》，《河北渔业》，2015 年第 2 期。

现状及分析》①。

5. 有学者关注对滹沱河流域资源的开发和利用研究。包括对滹沱河流域水环境进行湿地建设、河道开发、农业观光旅游可行性分析等方面，主要包括吴忱的《古河道在经济建设中的作用》②，孙静怡、赵旭阳、路紫的《河北省平山县湿地观光农业资源评价与开发》③，邵宗博的《河道湿地公园景观规划设计生态效应预评估手法初探——以石家庄滹沱河湿地公园为例》④ 等。

6. 有学者关注水患等自然灾害的分析和认识。主要涉及滹沱河流域洪水规律的分析和探讨。1963 年滹沱河流域发生特大洪水后，除 1988 年和 1996 年洪水较大以外，其他年份相对平稳，所以，这一方面的研究成果相对较少，如王义、田宪存的《"96. 8"滹沱河洪水浅述》⑤，刘志林的《"88. 8"滹沱河行洪分析》⑥。

7. 有学者关注水利工程的实施与生态环境变迁研究。王金哲、张光辉、严明疆等的《水坝建设对滹沱河流域平原区地下水系统干扰结果分析》⑦ 研究了水坝建设对地下水环境的影响，王秀艳、詹黔花、刘长礼等的《水坝建设对滹沱河流域石家庄段生态环境的影响》⑧ 从湿地、河道流量、植被等方面分析了水坝建设对于石家庄区域生态环境的影响。

综上所述，自然科学研究对于滹沱河流域水环境注重技术研究，分析了滹沱河流域水体改变的自然驱动因素和特征，并在此基础上提出了具体的技术解决方案。

---

① 武欣 赵瑞亮：《滹沱河山西段鱼类资源现状及分析》，《山西水利科技》，2015 年第 2 期。
② 吴忱：《古河道在经济建设中的作用》，《地理学与国土研究》，1985 年第 2 期。
③ 孙静怡、赵旭阳、路紫：《河北省平山县湿地观光农业资源评价与开发》，《山西师范大学学报》，2006 年第 3 期。
④ 邵宗博：《河道湿地公园景观规划设计生态效应预评估手法初探——以石家庄滹沱河湿地公园为例》，《农业科技与信息（现代园林）》，2012 年第 2 期。
⑤ 王义、田宪存：《"96. 8"滹沱河洪水浅述》，《河北水利水电技术》，1998 年第 3 期。
⑥ 刘志林：《"88. 8"滹沱河行洪分析》，《海河水利》，1989 年第 2 期。
⑦ 王金哲、张光辉、严明疆等：《水坝建设对滹沱河流域平原区地下水系统干扰结果分析》，《南水北调与水利科技》，2009 年第 4 期。
⑧ 王秀艳、詹黔花、刘长礼等：《水坝建设对滹沱河流域石家庄段生态环境的影响》，《水利水电科技进展》，2006 年第 6 期。

（二）社会科学研究

从社会科学的视角看，目前学术界对于新中国成立以后滹沱河流域水环境变迁研究相对薄弱，还缺乏对其系统化和深入的研究，目前的研究成果集中在环境史研究方面。

首先，从环境史视角研究滹沱河流域水环境变迁。有学者在研究其他问题时，部分地涉及滹沱河流域水环境问题，初步探讨了滹沱河流域水生态环境的历史变迁特征。在对于河北生态环境问题研究中，有的研究成果也涉及水环境变迁问题，如姜书平的《20世纪70—80年代初河北环境问题研究》[①]、刘丽周的《河北工业"三废"污染治理研究（1950—1980年代）》[②]，牛犇的《黑龙港流域盐碱地治理与农业环境变迁研究（1949—1979）》[③]。其中刘丽周主要探讨了河北地区工业污染治理的历史。

有的研究者针对水环境变迁中个别表现特征进行了研究。如胡思瑶的《20世纪50—80年代河北省水井建设研究》[④]针对水井建设进行了探讨和分析。此外，张同乐、姜书平的《20世纪50—80年代河北省污水灌溉与农业生态环境问题述论》[⑤]则考察了污水灌溉与农业生态环境的对应关系。

此外，环境社会学和环境伦理学为滹沱河流域水环境变迁提供了理论借鉴和思考。有学者从环境社会学的视角关注水问题与社会发展变迁。宋继峰、刘勇毅、白玉慧的《构建人水和谐社会的思考和实践》[⑥]从人水和谐的视角进行了探讨，贾士义的《河北省农村居民点水土保持与环境整治模式研究》[⑦]

---

① 姜书平：《20世纪70—80年代初河北环境问题研究》，硕士学位论文，河北师范大学，2008年。

② 刘丽周：《河北工业"三废"污染治理研究（1950—1980年代）》，硕士学位论文，河北师范大学，2013年。

③ 牛犇：《黑龙港流域盐碱地治理与农业环境变迁研究（1949—1979）》，硕士学位论文，河北师范大学，2014年。

④ 胡思瑶：《20世纪50—80年代河北省水井建设研究》，硕士学位论文，河北师范大学，2013年。

⑤ 张同乐、姜书平：《20世纪50—80年代河北省污水灌溉与农业生态环境问题述论》，《当代中国史研究》，2012年第1期。

⑥ 宋继峰、刘勇毅、白玉慧：《构建人水和谐社会的思考和实践》，北京：水利水电出版社，2011年。

⑦ 贾士义：《河北省农村居民点水土保持与环境整治模式研究》，硕士学位论文，河北师范大学，2008年。

则关注了农村水环境整治问题。

河流伦理学也为解读流域水生态环境变迁提供了新视角。如黄河水利委员会组织编写、侯全亮主编的《河流伦理丛书》①。主要包括《河流的文化生命》、《河流生命论》、《河流伦理的自然观基础》、《河流的价值和伦理》、《黄河与河流文明的历史考察》、《河流伦理与河流立法》等。

其次，从流域生态环境变迁研究来看，其他流域的相关研究正逐步展开。

关注流域水环境研究的成果较多，主要涉及黄河、长江等大江大河，也有汾河流域、海河流域、黑河流域等。从区域性流域研究来看，王尚义从历史地理学的角度提出了"历史流域学"的研究构想；中国社会科学院的色音等学者研究了黑河流域水资源与生态环境问题；赵鹏宇就山西省忻州市滹沱河区生态保护问题进行了探讨；何慧爽则从水资源经济学的视角解读了河南省水资源与社会经济发展的交互问题；吴月芽、张根福在《1950 年代以来太湖流域水环境变迁与驱动因素》② 中，探讨了新中国成立后太湖流域水环境恶化的企业生产排放、土地开放利用、网箱养殖等驱动因素。

再次，除学者研究之外，一些政府管理者也从社会管理的角度提供了新的研究思路。主要包括：前国家环保部部长曲格平先后出版了《曲之探索：中国环境保护方略》③、《我们需要一场变革》④ 等，原水利部部长汪恕诚的《人水和谐 科学发展》⑤ 也在此列，这些相关论述和著作为本书写作提供了借鉴和参考。

最后，从国外研究来看，流域水生态环境变迁成为环境史研究的主要趋向之一。对于水生态环境变迁的研究成果有沃斯特（Donald Worster）的《西流的河》⑥ 和《帝国之河：水、干旱和美国西部的成长》⑦。

_____

① 侯全亮主编：《河流伦理丛书》，郑州：黄河水利出版社，2007 年 9 月。

② 吴月芽、张根福：《1950 年代以来太湖流域水环境变迁与驱动因素》，《经济地理》，2014 年第 11 期。

③ 曲格平：《曲之探索：中国环境保护方略》，北京：中国环境出版社，2010 年。

④ 曲格平：《我们需要一场变革》，长春：吉林人民出版社，1997 年。

⑤ 汪恕诚：《人水和谐 科学发展》，北京：水利水电出版社，2013 年。

⑥ Donald Worster, A River Running West: The Life of John Wesley Powell, Oxford University Press, 2001.

⑦ Donald Worster, Rivers of Empire: Water, Aridity, and the Growth of the American West, Pantheon Books, 1985.

美国学者约瑟夫·泰勒的《加工三文鱼》① 主要探讨了太平洋西北部三文鱼渔业兴衰的历史过程。作者以此为背景，试图说明一部三文鱼的历史，也是人类社会与自然界互动的产物，其背后包含政治、经济、文化等各种影响因素。

以梅雪芹为代表的国内学者较多地关注国外环境史研究。在梅雪芹主编的《和平之声——人类社会环境问题与环境保护》② 一书中介绍了英国泰晤士河污染及治理的历史经验与教训，在《直面危机——社会发展与环境保护》③ 一书中，梅雪芹以"最后一条三文鱼的故事"为切入点，进一步阐述了泰晤士"河脏鱼殇"的历史启示。侯全亮、李肖强主编的《论河流健康生命》④ 一书中介绍了国外河流生态治理的理论与实践，主要包括美国的科罗拉多河生态系统恢复的探索、欧洲的莱茵河治理、瑞士的河流整治、韩国清溪川的水生态恢复等。

综上所述，可知：

首先，很显然，单纯从自然科学或社会科学解读，都不能够全部反映出流域生态环境变迁的全部过程，作为一项跨学科、综合性的生态环境变迁史研究，需要进一步整合学科资源。自然科学研究重点在技术层面，对于水环境变迁背后的社会因素和人类活动难以做进一步的深入分析和探讨；社会科学研究重点在社会运行机制、社会心态、思维意识和历史考察等方面，而缺少对研究对象量变参数的把握。

自然科学和社会科学各有优势，也各有局限，因此，如果从总体上把握滹沱河流域水环境变迁问题，就需要实现自然科学和社会科学的有机融合。水环境变迁的历史考察突破自然科学领域，要和区域社会经济、政治、社会的发展紧密地联系在一起。前水利部部长汪恕诚谈及水利博物馆建设理念时，提出："一般情况下，容易把水利博物馆做成一个工程展览馆，从都江堰一直

---

① Joseph E. Taylor, Making Salmon: An Environmental History of the Northwest Fisheries Crisis, Seattle, WA: University of Washington Press, 1999.

② 梅雪芹主编：《和平之声——人类社会环境问题与环境保护》，南京：南京出版社，2006 年。

③ 梅雪芹主编：《直面危机——社会发展与环境保护》，南京：南京出版社，2014 年。

④ 侯全亮主编：《河流伦理丛书》，郑州：黄河水利出版社，2007 年 9 月。

讲到三峡，每个工程都做模型，工程技术一步步发展，就是工程发展史。"[①]
很显然，这是一种孤立地看待事物的方式。所以，他又进一步强调："要跟整
个经济社会的发展联系在一起，要看水文化的发展，这是博物馆的灵魂，或
者说是要害……解释人与自然的关系、人与社会发展的关系、人与经济的关
系、人与制度的关系。"[②]

　　以流域水环境变迁来讲，自然科学所关注的是该流域特定时空内人类活
动给自然界所带来的各种生态影响，如水库修建带来的河道变迁、动植物种
类变化、地下水变迁和气候变化等。至于这种水利行为与社会政治、经济、
文化、社会心理等的相互影响和作用，以及如何从社会运行机制的视角提供
解决之道，则不在其研究范围之内。因此，本书试图在自然科学研究的基础
上，弥补社会科学研究的缺位。

　　具体到滹沱河流域水生态环境变迁，以修建水库为例，自然科学对于水
库造成的河道断流、气候变化、动植物种类变迁、地下水变化进行了充分的
研究，至于人类的水利治理理念、社会运行机制、社会个体心理等则不在其
研究范围之列。

　　其次，从环境史研究来看，较多的关注点在于理论方法、国外环境史研
究、中国古代生态环境变迁史等，对于当代区域性水生态变迁史研究相对较
少。因此，梳理新中国成立以来滹沱河流域水环境变迁史具有一定的学术
价值。

　　综上所述，既然单纯的自然科学或社会科学都不能全面反映出区域水生
态环境变迁的全貌，因此，在前人的研究基础之上，本书尽力把自然科学和
社会科学研究方法结合到一起，弥补二者的不足，努力勾勒出滹沱河流域水
环境变迁的"全景图"。

三、概念界定

　　从空间上，本文涉及滹沱河流域河北段和山西段。其中滹沱河流域石家

① 汪恕诚：《人水和谐 科学发展》，北京：中国水利水电出版社，2013 年，第 332 页。
② 汪恕诚：《人水和谐 科学发展》，北京：中国水利水电出版社，2013 年，第 333 页。

庄段阐述较多。时间上，主要是新中国成立以来近70年的时间。因本书中涉及地名具有历史沿革，本书在附录部分对地名历史沿革进行了特别说明，正文中不再单独解释。

滹沱河流域位于东经122°至116°6′，北纬37°27′至39°25′之间，流域"全长587公里，总流域面积为27300平方公里"[①]。流域内地理特征山高谷深，流域界限清晰，北临大清河及永定河流域，西临云中山与汾河分水，南沿太行山脉与滏阳河诸支流相邻。汇入滹沱河的支流有72条之多，其中以冶河最大，清水河次之。各支流均以水干流为主轴，进入平原则呈现出带状。由于其他各支流分布呈枝状，所以俗称"滹沱河有72肋枝河"。其他各支流除周汉河地处平原以外，剩余支流均集中在山区和丘陵地带。滹沱河流域属于暖温带、温带大陆性季风气候，夏季暖热多雨，冬季寒冷干燥。

图0-1　滹沱河流域图

滹沱河流域地势的特点为西高东低，逐渐下降。流域上游地理特征为山势巍峨，山高川大，山峦重叠，地形崎岖复杂。自山西省五台县神喜穿太行山峡谷东行，河道弯曲。流域地貌主要以中山、低山、丘陵、盆地、河谷为主。基岩山区，海拔高程均在1500米左右，属于构造运动长期隆起区，体现出侵蚀和剥蚀的剧烈，山势陡峭，山体突出。山体岩性大部分为花岗岩、片麻岩、灰岩、砂岩和少量石英岩、正常岩、云母岩等。山前丘陵区为山地与平原间的过渡带，近山坡处冲沟发育，但因河道滚动，河谷深切，往往会形

---

① 《石家庄地区水利志》，石家庄：河北人民出版社，2000年，第135页。

成高出河床达数十米的古阶地。现代地形受到冲沟的切割，从而形成倾向于河谷中心的平行的长梁状丘陵地形河谷冲积平原，主要分布于沿河地带，为宽阔平坦的漫滩，属于河谷冲积平原。两岸普遍有一级阶地分布，高出河谷约 2—3 米，面积广阔。出山以后，黄壁庄以下河道摆动在自石家庄市至辛集市一带的大冲积扇上，在冲积扇区为地下河。地貌系华北平原的一部分，系滹沱河沉积而成，主要分为山麓平原、倾斜平原及和低冲击平原三个较大地貌单元。山麓平原位于西部，太行山东侧，东至河北省藁城地区与倾斜平原连接，属于山洪以及第四系洪积物堆积而成。

　　倾斜平原西接山麓平原，东部以安平县、深泽县、辛集市一线与低冲积平原相邻。倾斜平原为现代冲积扇的交接洼地，冲积扇的主轴在藁城市、晋州市、辛集市以及深州市。"倾斜平原海拔高程由 45 米至 30 米，坡度为1/2000 至 1/4000，由黄土性洪积冲积物堆积而成。低冲积平原位于东部，系滹沱河近代冲积而成，曾与黄河交错沉积，海拔高程为 30 米至 18 米。坡度为 1/4000 至 1/6000。"①滹沱河流域石家庄段的主要支流有蒿田河、营里河、湾子河、卸甲河、柳林河、险隘河、文都河、古月河、甘秋河、周汉河等大约 18 条支流。

　　本书按照环境史研究的一般思路展开。环境史学作为一种新史学，在以往传统历史学科研究思路的基础上，引入生态学的理论方法，强调人类活动与环境的互动关系研究。所以，环境史学从生态环境变迁的社会运行机制和自然表现特征的中间层面寻找论题，它所关注的领域主要有两个层面：一是历史时期的生态环境、主要特征及其在人地关系互动下的各类变迁；二是在人类社会发展过程中，生态环境及其诸要素所发挥的重要驱动力。本研究即在完成对滹沱河变迁的历史梳理基础上，探讨滹沱河水环境变迁和人类活动的互动关系。

四、研究方法与创新点

　　研究方法：本书研究方法主要包括文献研究、田野调查和跨学科综合研

---

① 《石家庄地区水利志》，石家庄：河北人民出版社，2000 年，第 136 页。

究，实现读"有字之书"和"无字之书"相结合。

文献研究。本书研究的文献资料来源于地方志、原始档案、有关报纸等。

田野调查。根据有关社会学理论，拟定社会调查问卷，进行社会调查。调研范围涉及滹沱河流域上、中、下游，调研对象包括农民、工人、水利管理者、环境保护管理者、教师等人群。

跨学科综合研究。本选题研究以历史研究方法为主，涉及环境学、社会学、水利学、经济学、考古学等学科。

创新点：水环境变迁不仅仅会表现为河道干涸、地下水埋深加剧、水体污染等自然表现特征，同时也会造成社会个体安全感缺乏、社会心态转变、社会秩序改变等一系列社会表现特征。要完整反映出流域水环境变迁的全景图，需要从自然改变和社会改变两个方面着手。

本书以档案资料和地方志为主要资料来源，同时，以田野调查为重要补充，通过访谈、实地勘察、问卷调查等方式获取各种资料支撑，丰富了本书的资料来源。其中，访谈：既有对环境保护机构和水利管理部门负责人的访谈，也有在实地勘察过程中进行的随机街头访谈。实地勘察：从滹沱河源头出发，沿滹沱河一直考察到河北献县滹沱河与滏阳河汇合处，以现场观察和社会调查的方式获取初步的感性认识。问卷调查：以百度问卷系统完成线上调查，以现场发放的形式进行线下调查。

五、架构

以"自然—人类"互动为研究出发点，既反对人类中心主义，也反对以自然为中心，力求客观反映出滹沱河流域近 70 年的水环境变迁史，并以总结历史，为今所用为最终归宿。

第一章："因水而兴"："水"资源驱动下的区域社会发展演进。从经济、社会、政治、文化等多视角探讨"水"环境资本在区域社会生产发展中的历史推动作用。如地名文化、地方文学和风俗信仰中的"水"资源要素；水资源与养殖产业、健康产业、休闲产业、河道产业的发展；滹沱河水运曾是河北省和天津地区经贸往来的重要水上交通渠道；水资源促成当时中共选择西柏坡作为"中国革命最后一个农村指挥所"。

第二章:"适可而止":人地互动与水环境"质"之变——以水体污染为考察中心。水体污染是滹沱河流域水生态环境变迁的重要特征之一。其主要污染来源包括企业生产、公共卫生事业、社会生活中的废水排放以及农业生产中过量使用农药与化肥所造成的水体污染。这种水"质"之变不仅改变了滹沱河流域水环境的自然状态,并且引发了人们生活方式、生产方式、社会心态、区域水案等系列变迁。

第三章:作用与副作用的博弈:水利工程兴建与流域水生态环境变迁。水利工程的实施改变了"水"的自然存在状态。一方面,从水旱灾害减轻、经济效益开发、生态环境改变等方面,人类是"受益者"。其次,也出现了地表水系统、地下水系统、区域小气候与生物种类变迁等特征,以及社会人口迁移、交通方式变迁、生存条件恶化等社会连锁反应。

第四章:恩赐与惩戒:地下水开采与流域生态环境变迁的历史考察。地下水资源在社会生产中,尤其是在农业产生中,发挥着极为重要的"推动力"作用。地下水开发满足了滹沱河流域农业生产用水的基本需求,出现"有井一片绿,无井一片黄"的现象,而忽视地下水再生规律的地下水开发引发一系列生态环境改变,如无水可打、埋深持续增加、地下水漏斗形成、机井枯竭等。因此,应实现生态反应与社会决策修正相对应,确保水利规划与生态条件相一致。

第五章:并行不悖:20 世纪七八十年代生态社会管理模式的历史考察与启示。生态科学管理机制的构建是维护水生态环境的重要环节。本书通过对20 世纪七八十年代石家庄地区生态环境管理的历史考察,为构建当代生态社会管理科学运行机制提供借鉴。主要包括:构建水生态保护的全员介入管理机制;生态环境保护应纳入国民经济发展计划和经济管理轨道;倡导生态管理法制思维;健全组织设置,提升执行效率等;树立对"水"生态的敬畏意识;摒弃"生态与生产对立"的片面思维;发挥生态环境教育的教化作用。

第六章:变迁之变迁:和谐水生态理念的构建与实践。流域水环境变迁的非自然驱动因素主要包括:城乡二元结构;新时代的生态要求与部分传统产业的对立;社会若干主体的矛盾定位;人类物欲主义的存在造成了对流域水环境经济功能的过度追求,以至于忽视其生态功能、社会功能等。从宏观视角上，建议构建与实践和谐水生态理念，（1）实现城乡均衡协调发展，体现水资源共享的公平环境；（2）从提升水资源利用效能、加强科技支撑、完善法制建设、把握水生态环境变迁的滞后性特征等方面借鉴和反思他国流域治理经验；（3）发挥政府主导作用，形成社会多层级水生态运行保障机制；（4）尝试突破流域的自然属性与行政管辖属性的博弈。

第一章　"因水而兴"："水"资源驱动下的区域社会发展演进

大致在旧石器时期，即距今 1 万至 300 万年，人类先祖开始在滹沱河流域繁衍生息。大致在 1 万年前，人类先民开始从太行山洞穴中走出，开始进入平原进行生产和生活。在漫长的历史发展中，以"水"为社会发展驱动力，滹沱河流域先民的生产和生活方式以及生产力水平不断发生着变化，并最终形成了滹沱河文明。

本章拟从文化之兴、交通变迁、经济驱动、政治抉择四个方面阐述"水"资源在滹沱河流域社会发展演进中的重要推动力，探析滹沱河文明的由来和发展中的"水"动力。

一、文化之兴："水"资源与区域社会文化发展

滹沱河流域丰富的水资源环境成就了区域社会的发展和进步，形成了特色鲜明的"水烙印"。文化是社会发展进步的重要特征，通过考察滹沱河流域文化可以发现水资源因素的明显特征。由此，文化作为体现人地关系互动的重要参照物，解读滹沱河流域文化发展之源，可以探寻"水"资源影响下的人类文化发展脉络。

(一)"水"资源与地名文化

以地名文化为例，通过考察沿河区域的地名文化，可以看出，河流与

人们生活已经融为一体，密不可分。地名文化反映出区域社会的生存背景与条件，沿河区域众多地名多与河流息息相关。"河流不仅是自然现象，而且它作为人类文明史的一部分，作为人类精神生活的根源和对象，还积极地启示、影响和塑造着人类的精神生活、文化历史和文明发展"①。所以，滹沱河"水"资源不仅为区域社会的存在和发展提供有力的物质支持，同时也极大影响着人们的社会文化生活，而地名文化则是其表现之一。

1. 河流与自然崇拜——以有关滹沱河民间传说得名

滹沱河流域流传着许多以滹沱河为主题的民间传说，因此，许多村庄地名即以此作为起名依据。

河北省石家庄市长安区西兆通镇凌透村的村名即源于西汉时期刘秀"奇过滹沱河"的民间传说。"西汉更始二年（公元24年），刘秀为王郎所赶，至滹沱河时，有人说，河水大，淹没船只，过不去河，众官兵非常害怕，刘秀令部将王霸注视，确实河水奔流，无法渡过，前有水阻，后有追兵，为避免众官兵惊慌，就回禀刘秀假说河水冻结可过，官兵皆喜。待大军行至河，果然河水冻结，令霸护渡。大军将要过完时，忽然，冰消凌透。刘秀称帝后，人们到此定居，后为两个自然村，一名凌透村，一名凌透屯（别名营里），民国初年合为一个行政村，取名凌透，沿用至今"②。

又如：河北省衡水市深州市大流村村名也和刘秀通过此地滹沱河有关。"西汉末年，滹沱河流经此村村北。俗传刘秀走至此，适遇冰雪封河，遂踏冰而过。人马尚未渡完，忽然冰消雪化，河水奔腾。有风飘、凌消水大流之说。故此，取名大流村"③。

以民间故事传说为依据所形成的村名文化，进一步丰富了社会民俗文化的内涵。同时，以村名为文化载体，赋予其神话色彩，从中可以表现出历史上人类与自然界既斗争又和谐的历史发展轨迹。人类通过赋予河流的神话功能与传说，展示出自然界的神奇力量以及人类对于自然界的敬畏。

---

① 乔清举：《从文字、哲学、人生看河流的文化生命》，《人民日报》2006年6月9日。
② 《石家庄市长安区志（1991—2005）》，北京：新华出版社，2010年，第56页。
③ 深县地名办公室：《深县地名资料汇编》，1984年，124页。

2. 和谐与冲突——以应对滹沱河水患而得名

历史上,滹沱河给沿河区域社会带来了严重的水患灾害,使得民不聊生。人们通过对村庄的命名寄托期盼平安的情感,以求获得心理慰藉和安全感。

面对水患之害,受当时社会生产力水平的限制,人们不得不通过迁移的方式来躲避灾害。河北省石家庄市辛集市新城地名即由此而来。"新城是束鹿县继旧城之后的又一座古县城。新城原为一小村,名新圈头。公元 1622 年,滹沱河水淹没旧城后,束鹿县治迁此,将新圈头、河上集、小西天等围成一庄,遂称新城"①。

为避免水患之害,人们通过地名来祈求平安。河北省石家庄市无极县东汉村,其"汉"由"旱"演化而来。面对滹沱河水患所带来的水患灾害,人们希冀通过改变地名来避免水患之害。"据传,汉朝时建村。因地处滹沱河岸,屡受水灾,人们忌讳'涝'字,反其意而取'旱'字。后改旱为汉,据其方位取名东汉"②。

人们通过地名命名来祈祷平安,免除灾害之祸,尽享太平生活,反映出人民群众朴素、原生态的生存观念与思想,也体现出在生产力不发达的历史背景下,人们借此获得精神上的慰藉与寄托。

3. 河流与居住——与滹沱河方位有关而取名

某些地方因滹沱河穿村而过,将原来一村划分为两村而得名。河北省深州市南河柳村、北河柳村即是以位于滹沱河某一方位而得名。"宋元时期,滹沱河从北河柳和南河柳两村之间横向流过,两岸尽皆杨柳,位于滹沱河北岸的村即为北河柳村,位于滹沱河南岸的村即为南河柳村"③。

河北省安平县南张涡村、北张涡村因滹沱河从中穿过,而产生南北两村。"相传,在公元 1401 年,燕王造反(靖难)时,仅剩下姓张的。因此处地势低洼,借此冠以姓氏得名张涡。在明永乐二年(公元 1404 年),其他姓氏奉诏从山西洪洞县迁来,村越来越大,在明永乐十年(公元 1412 年)因滹沱河

① 郑萍信、刘金田:《辛集市城乡建设志》,北京:中国建筑工业出版社,1994 年,第 117 页。
② 河北省无极县地名办公室编:《无极县地名资料汇编》,1983 年,第 73 页。
③ 深县地名办公室编:《深县地名资料汇编》,1984 年,92 页。

从此经过，分成了南北两个村"①。

因滹沱河绕村而过或处于某一方位而起名。河北省献县陈家圈村、孟家圈村、郑家圈村即为此类情况。"据陈氏家谱记载：明朝弘治年间，陈家由沧州陈家林村迁此定居，因地处滹沱河河圈内，故称陈家圈，简称陈圈……据孟氏家谱记载；明朝永乐二年（公元 1404 年），孟姓由山西洪洞县迁来定居。因滹沱河绕村而过，故取名孟家圈，简称孟圈"②。

河北省深州市东沿湾村、西沿湾村即因为位于滹沱河拐弯处而得名。"西汉末年，滹沱河经此村与西沿湾两村之间向东北，于该村北拐弯东南流。因两村位于滹沱河拐弯处。故名东沿湾，西沿湾；据郑氏家谱记载。明朝永乐二年（公元 1404 年），郑大伦从山西洪洞县迁此定居。因滹沱河自村西而来，绕村而过，取名郑家圈，简称郑圈"③。

河北省献县前沿庄村、后沿庄村都属于沿滹沱河而建得名。"明朝永乐二年（公元1404 年），吕、孟两姓由山西洪洞县迁来，沿滹沱河两岸建村，故称沿庄"④。新中国成立后，两村按方位分别被称为前沿庄、后沿庄。因沿河而居起名更是体现出人类生产生活与河流的密不可分。

4. 河流与生产——以滹沱河水运相关而取名

历史上，滹沱河水运曾昌盛一时。受此影响，滹沱河流域沿河地名则体现出曾经的水运发展史。河北省沧县有前码头村、王码头村、蒲码头村、马码头村、赵码头村、海码头村、韩码头村、刘码头村。以海码头村和刘码头村为例，"明永乐二年（公元 1404 年），海姓从河南氾水县迁来，居于钱海庄，后又北迁，靠近滹沱河码头建村，故以姓氏取名海家码头，后简称海码头，此外，明万历元年（公元 1573 年），刘姓自扬州迁来定居。因该村靠近滹沱河，此地为一停泊船只的码头，故取名为刘码头"⑤。

此外，一些地名体现出与滹沱河水运相关的人类生产活动。河北省石家庄市庄窠村，其村名即是"装货"一词的谐音发展而来。"据传此地原

---

① 河北省安平县地名办公室编：《安平县地名资料汇编》，1983 年，第 153 页。
② 河北省献县地名办公室编：《献县地名资料汇编》，1983 年，第 231 页。
③ 河北省深县地名办公室编：《深县地名资料汇编》，1984 年，第 124 页。
④ 河北省献县地名办公室编：《献县地名资料汇编》，1983 年，第 229 页。
⑤ 河北省沧县地名办公室编：《沧县地名资料汇编》，1983 年，第 188 页。

为古运粮河的装货码头，故初称"装货"。后来古运粮河干涸，水运码头废弃，渐成村落，村名谐音演变为庄窠。现存南高营村中一块明嘉靖二十八年（公元 1549 年）残碑上便有"庄窠"之名。至今当地村民仍读为"装货（音）"①。

水运极大地影响着人们生产和生活，随着自然及社会环境的改变，水运虽然已经成为历史，但是由此所形成的村名文化则成为滹沱河水运的历史标志符。

河流文化全方位地渗透到人类生活和社会生产，地名文化体现出河流与人类社会发展的密不可分。1986 年国务院颁布的《地名管理条例》规定地名"应该反映当地人文或自然地理特征"。地名文化以村落的命名来表达人类与河流的关系。地名文化史也是滹沱河文明发展史的一个侧面，展现出河流与人类生产与生活的密切相关性。

（二）"水"资源与地方文学

人类以"水资源"为创作载体，以各种文学形式为表现形式，抒发情感，感悟社会，借以体现出人类社会的发展变迁以及自然人类互动的历史情节。"按照法国历史学家布罗代尔的意思，文明可以在水平线上扩张，却没办法垂直扩张，哪怕两三百米都不行"②。

滹沱河流域产生了滹沱河"水"文学。历代文人常把河流作为文学主题，以各种文学形式展现出来，表达内心情感，再现一定时空的历史发展。以滹沱河为创作主题的文学作品，从不同角度展现出或是河流崇拜，或是自然美景，或是水患之害，或是情感抒怀，或是豪情壮志。从不同视角，以文化的外在形式展现人类与自然共进化的关系。

1. "水"资源与民间传说

民间传说是以客观事物为叙事对象，通过文学表现手法以及历史表达方式相融合，具有一定的神话色彩，兼有审美意味的散文体口头叙事文学。民间传说具有弘扬社会正能量、积善除恶的社会文化功能，同时也展

---

① 《石家庄市地名志》，石家庄：河北人民出版社，1986 年，第 367 页。
② 许辉：《河流影响着文学作品》，《合肥晚报》2015 年 5 月 14 日。

现了人类面对自然界的无奈与抗争的矛盾心理。主要的代表性作品有：积善除恶——"葡萄河的传说"，征服水患——"深泽县滹沱河的传说"，英雄传说——"凌消水大流传说"，不屈不挠——"麻线娘娘庙的传说"。

以"葡萄河的传说"[①] 为例：葡萄河是当地老百姓对滹沱河和滹沱河故道的习惯叫法。相传，在滹沱河的发源地太行山里，离河不远的地方，有个叫葡萄湾的独户小山庄，住着祖孙二人，九十多岁的龙爷爷和他的小孙女珍丫，爷俩儿靠种葡萄为生，一个叫欢实儿的小羊倌常来河边放羊，珍丫和欢实儿渐渐相爱了。

有一年，龙爷爷带着这对后生沿河撒下葡萄籽，并告诉他们，什么时候河边长出葡萄树，结了果实，就给他俩办喜事。三年之后，果然河边的葡萄树架连了起来，从上游到下游一直搭到海边，如同两条绿色的长龙。那青里显白的"龙眼"葡萄和紫红发黑的长形的"牛奶"葡萄，一串串地挂满了架。从此，人们就把滹沱河叫成了"葡萄河"。

眼看珍丫和欢实儿就要成婚，不想龙爷爷突然病逝。当地的一个财主趁机勾结县官害死了这对年轻人，霸占了沿河两岸的葡萄树。欢实儿生前骑着放牧的那只大公羊，愤怒地挺起角来，顶死了县官和财主，县官和财主被人们扔进河里。接着大公羊又用它那双大犄角拱呀拱，把两岸的葡萄架全都挑到河里。从那以后，葡萄河两岸没了葡萄，龙爷爷的作为种籽的葡萄也绝了迹，所以现在人们栽种葡萄只能靠压蔓了。

2. "水"资源与诗歌文学

以滹沱河为创作背景，历代文人不惜笔墨，讴歌滹沱河。文天祥（1236—1282 年）是南宋爱国诗人，著名民族英雄。著有《文山先生全集》，其诗《过零丁洋》为千古绝唱。文天祥被押往大都（元大都，简称大都，是元朝的首都，其城址位于今北京市市区）途经滹沱河时曾赋诗二首，反映出诗人国土沦亡后的伤感之情，以此表达出文天祥忧国忧民的胸襟与保家卫国的情怀。

---

① 沧县水利编纂办公室：《沧县水利志》，北京：方志出版社，1997 年，第 346 页.

过滹沱河二首

（一）

过了长江与大河，横流数仞绝滹沱。

萧王旧事今何在，回首中天感慨多。

（二）

风沙睢水终亡楚，草木公山竟蹙秦。

始信滹沱冰合事，世间兴废不由人。

　　唐代诗人卢照邻（约 630—680 后）一生难以施展个人抱负，后因身体原因辞去官职，退隐居于太白山，最后投水而亡。他的诗歌作品对唐代诗风的变革具有一定影响，其被誉为"初唐四杰"之一。公元 665 年，卢照邻经过河北省正定县时写下五言古诗一首。

晚渡滹沱河赠魏大

津谷朝行远，冰川夕望曛。

霞明深浅浪，风卷去来云。

澄波泛月影，激浪聚沙文。

谁忍仙舟上，携手独思君。

　　以滹沱河为创作题材的诗歌文学作品数量丰富，形式多样，涉及古今，充分展现了以水资源为依托的社会精神生产。"它们以深厚的生活内容，绚丽多彩的艺术风格，广泛反映了千百年来滹沱河两岸的社会现实"①。

（三）"水"资源与风俗信仰

　　风俗信仰反映一定时期人们在生产、生活中形成的具有显著区域特色的价值观念与认知。在滹沱河流域，基于人们对水资源的依赖，形成了以水资源为显著表现特征的风俗信仰。

---

① 马月林：《滹沱河灌区水利志》，太原：山西人民出版社，2006 年，第 197 页。

1. 自然信仰——河神崇拜

在生产力尚不发达的时代，人们希冀通过"供奉河神"的形式来寄托对"水"的敬畏，借此能保佑一方百姓安居乐业。山西省"定襄县有滹沱河、牧马河、同河三条河流过。河水可以灌田，但也能给人带来灾难。为祈求平安，沿河村庄建有河神庙进行供奉。在滹沱河沿岸，甚至家家都供奉河神牌位"①。

因山区干旱缺水，人们对水和雨的需求更为迫切，因此山区供奉龙王更甚于平原地带。"龙王也因地而宜。沿河地带供河龙王，如滏阳河龙王、滹沱河龙王等"②。

2. 民俗观念——眷恋故土

一方水土养一方人，一方水土成一方俗。以山西省定襄县为例，"滹沱河自西北向东南流经全境，牧马河、同河如两翼依流在滹沱河左右，三河合流肥沃出一个盆底小平原"③。依靠丰富的滹沱河水资源，定襄县的农业发展基础较好，土壤肥沃，水源充足，非常适宜种植各类农作物，这种优越的自然条件为当地百姓提高了安居乐业的基本条件。同时，定襄人在思维观念上也就出现了固守本土、满足现状的意识观念。"三十亩地一头牛，老婆娃娃热炕头，茭子窝窝豆散散，老腌咸菜吃一年"④。

以"水为载体"的流域文化体现出人类社会发展历程中的"水"资源特征，丰富了人类社会精神与文化思维空间，体现出人与自然互动的历史脉络。随着"水"环境逐渐退去，这种历史标识符也将随之消失。

二、经济驱动："水"资源资本的开发和利用

在滹沱河流域经济发展中，"水"资源资本开发和利用占据重要地位，人们围绕"水"资源资本，以不同的经济开发形式，大做经济开发文章，奠定了滹沱河流域良好的物质基础。本部分主要以养殖产业、健康产业、休闲产业、河道产业为例进行阐述。

---

① 张建新：《定襄民俗文化志》，北京：中国文史出版社，2006年，第213页。
② 杜学德主编：《河北民俗》，兰州：甘肃人民出版社，2004年，第252页。
③ 张建新：《定襄民俗文化志》，北京：中国文史出版社，2006年，第1页。
④ 张建新：《定襄民俗文化志》，北京：中国文史出版社，2006年，第2页。

（一）养殖产业

以石家庄地区平山县为研究个例，可以看出水资源的利用有效推动了当地经济发展。

从水资源利用平台来看，平山县"全县水域面积 46 万亩，是河北省淡水水面最多的县份之一，可养鱼水面 93447 亩"[1]。其中包括水库、坑塘、河流、泉水等开发平台。平山县有岗南、黄壁庄两座大型水库，若干座小型水库。坑塘主要位于平山县东部滹沱河两岸，"水面 2200 亩，其中两河乡 287 亩，西大吾乡 300 亩，孟贤壁乡 134 亩，国营水产养殖场 250 亩，还有一些较为零星的坑塘分布在其他乡镇。有成鱼池 1856 亩，育种池 344 亩"[2]。滹沱河两岸及其支流汇水形成的河滩湿地，地势低洼，常年有水，分布于大吾村、两河村、中石殿村、里庄村、南甸村、岗南村一带。其中，温塘温泉是平山得天独厚的热水资源，水质完全符合养鱼用水要求。此外还有潋潋水、冷泉、张家川等村的冷泉资源。"其中潋潋水泉流量为 0.3 立方米/秒，常年水温 11℃。孟家庄镇张家川村北和村南泉流量为 0.175 立方米/秒，常年水温 9℃，孟家庄镇北坪泉流量为 0.11 立方米/秒，常年水温 9℃"[3]。

从渔业资源来看，平山县渔业资源种类繁多，主要有鱼、虾、鳖等，以鱼类为主。其中，鱼类大约有 30 多种，分属鲤形目、鲈形目、鲇形目、合鲤目四个目。主要的经济鱼类包括草鱼、鲢鱼、鲇鱼、鲤鱼、鳙鱼、鳊鱼、鲂鱼、鲫鱼、罗非鱼等品种。其次，还包括黄鳝、银鮰、银飘、细鳞斜颌鲴、赤眼鳟等品种。此外，还有部分有害杂鱼：马口鱼、红鳍鲌、赤嘴红鲌、黄颡鱼、麦穗鱼、鳑鲏鱼、花鳎鱼、泥鳅、黄尾鲴等。虾类主要包括自然青虾、草虾，大多分布在岗南与黄壁庄水库。

此外，中华鳖分布较广，别称为甲鱼或元鱼，产量也比较可观。"1987年，里庄乡东冶村村民范海霆建池 10 亩，养鳖 1 万只；中石殿乡付家沟村等村也陆续有六家专业户开始池塘养鳖。1991 年全县有养鳖场 11 个，面积

---

① 《平山县志》，北京：中国书籍出版社，1996 年，第 231 页。
② 《平山县志》，北京：中国书籍出版社，1996 年，第 231 页。
③ 《平山县志》，北京：中国书籍出版社，1996 年，第 231—232 页。

32 亩"①。

依托"水"资源，渔业生产成为平山县群众收入的主要来源，对于改善当地民生起到了重要作用。以 1991 年为例，"全县可供养殖的淡水水面达到了 20.63 万亩。其中，河流占到了 25.84%，坑塘水面 1.44%，水库水面占 72.22%，当年全县淡水鱼总产量为 2300 吨，比 1985 年增了近 2.5 倍，其中天然捕捞产量占 30.6%，养殖产量占 69.4%。在养殖产量中，水库养鱼占 50.88%，池塘养殖量占 18.52%，与 1985 年相比，天然捕鱼量所占比重增加了 22.91%，池塘养殖产量比重增加 11%，水库养殖产量下降 33.91%"②。

（二）健康产业

利用丰富的地热水资源，开发健康产业。以平山县为例，其地热水主要分布在平山县温塘村西一带，由于受到东北、西南向断层控制，所以，热储层属于太古界震旦系阜平群混合岩化麻岩活动构造断裂含水带。"呈条带状分布，长 1 公里，宽 0.5 公里，水源于地面 40 米以下，二十世纪五六十年代自流上升出水量为 69.5 立方米/小时，80 年代中后期过量开采，已不能自流出水，日开采量为 1500 立方米。水温 50—60℃，矿化度 1.7 毫克/升"③。

由于温泉本身具备的健康功效，当地人比较偏好温泉沐浴并成为一种风俗。"泉从土中沸出，温燥可浴，水有硫磺气，望之黝黑，掬之洁白，浴之可以疗皮肤癣疥之疾。因筑为男女二塘，塘内各砌温热二池，以便浴者，以故远方男女人士往浴者终年络绎不绝，解衣磅礴，水面风生，四季皆有春和之气涵濡其中，而温泉风俗遂为十景之一云"④。

1979 年 9 月，华北油田勘探局在无极县城北勘测石油时发现了一口自喷热水井。"当时县内及邻县来此洗浴、治疗皮肤病、关节炎者甚多"⑤。

---

① 《平山县志》，北京：中国书籍出版社，1996 年，第 236 页。
② 《平山县志》，北京：中国书籍出版社，1996 年，第 233 页。
③ 《平山县志》，北京：中国书籍出版社，1996 年，第 152 页。
④ 《平山县志》，北京：中国书籍出版社，1996 年，第 152—153 页。
⑤ 《无极县志》，北京：人民出版社，1993 年，第 105 页。

表 1-1　无极县地热井水质分析结果表①

分析项目	含量 （毫克/升）	分析项目	含量 （毫克/升）	分析项目	含量 （毫克/升）
钙	111.8	铝	0.12	硼酸盐	6.81
镁	18.48	钴	0.01	硝酸盐	4.76
钠	2188	镍	0	碘	1.15
钾	88	硫酸盐	258	溴	4.21
亚铁	109.4	氯	2863	碳酸盐	184.1
铁	0.6	氟	7.03	—	—
锰	0.12	磷酸盐	0.06	—	—

注：本书中表格中标有"—"，表示原文中即缺少该项内容，书中其他表格相同情况不再单独说明。

（三）休闲产业

在滹沱河沿岸区域，人们以水资源为主题依托，充分利用和挖掘水资源，发展旅游休闲产业，并赋之以各种经济开发功能，从而实现经济、休闲、生态和社会效益有机融合。

滹沱河北岸的石家庄市颐菲庄园位于石家庄市长安区南村镇东塔子口村。园区通过种植各类经济作物，并注重开发采摘、垂钓、特色餐饮等高附加值项目获取经济效益。紧邻滹沱河的石家庄平山东胜生态文化产业园依托滹沱河有利的地理优势，园区包含了广袤的滹沱河湿地资源、生态农庄、农家小舍、百果园、生态谷、农耕文化展馆、大吾书院等多个项目。在滹沱河水势相对平稳时期，以水资源和区域优势为依托进行经济开发，既可以一定程度上维持现有生态水平，也可以促进区域经济的发展。

依托滹沱河水资源优势，开发生态环境提升工程，已成为滹沱河流域沿岸区域的共同模式。笔者从山西省忻州市繁峙县桥儿沟村滹沱河源头出发沿河考察，很多县（市）城区域都建立了依托滹沱河流域水环境的生态公园，

---

① 《无极县志》，北京：人民出版社，1993 年，第 105 页。

成为当地改善生态环境、提升民众幸福指数的重要举措。2009 年 9 月竣工的繁峙县滨河公园，坐落于滹沱河源头，是第一个集防洪、泄洪、排污、治污、体育、娱乐为一体的综合性公园。2010 年，代县开始建设滹沱河湿地公园，现已完成一期工程。2011 年，原平市开始建设滹沱河湿地公园，2009 年忻州市启动建设南云中河公园，2012 年，定襄牧马河生态公园、五台县清水河森林公园也在计划中。各地都在围绕河道进行生态治理，极大改善了城市生态环境，其中忻州市原平县、代县、石家庄市区、石家庄市正定县等地的开发利用水平较高。原平市滹沱河水利生态公园生态、经济、社会效益明显，该项目的完成"使河段防洪标准由原来 20 年一遇提高到 50 年一遇。通过治理滩涂、造地建城、经营城市、吸聚产业和人口，促进城市东拓发展和魅力宜居建设，同步提升市域城镇化和城乡生态化水平"[①]。

在当前加强生态文明建设形势下，各地充分意识到水资源对于当地生态环境改善的有效推动，围绕着滹沱河水环境"大做文章"。石家庄市《滹沱河生态修复工程规划暨沿线地区综合提升规划》提出："按照打造石家庄绿色发展带、京津冀城市沿河发展示范区的目标，规划以滹沱河为区域发展的总体核心，以规划建设国内著名、国际知名的美丽河流为方向，对两岸地区进行全方位生态修复。"[②] 在这一规划中，当地提出了实施"一城七县，拥河发展"的发展理念，提出了建设生态滹沱河、安全滹沱河、文化滹沱河、活力滹沱河、智慧滹沱河的具体目标。

（四）河道产业

利用滹沱河河道优越的自然条件发展果树种植等农业产业。以河北省无极县为例，新中国成立后，无极县综合治理改造沙荒滩地，大力发展林果生产。1958 年 3 月，无极县开始建立百果园，百果园发展成为果粮并举的综合性农场。

1986 年，无极县相关部门在对全县荒滩地进行土壤、水文、光照、积温

---

① 《忻州水利志》，太原：山西人民出版社，2015 年，第 106 页。
② 郭欢叶：《国内著名、国际知名！河北要建这样一条美丽河流》，《河北日报》2017 年 9 月 28 日。

等指标进行技术监测后，得出"无极县荒滩地适合种植果树"的结论①。1987 年，无极县制定《关于下放开发荒滩地的十项规定》，确定"谁开发，谁受益的原则，承包期 30 年至 50 年，子女可以继承承包权"② 的开发原则，1988 年，无极县通过"无极县沙荒综合技术开发研究"课题成果的验收。

截至 1988 年底，以滹沱河河道为依托的果品种植业已占据无极县农业产业的一半左右。"全县果园占地面积为 34548 亩，干鲜果品产量为 1215.86 公斤，其中，苹果为 671.74 万公斤，梨为 507.49 万公斤，分别占到总产量的 55.25% 和 41.75%"③。

河北省藁城县利用滹沱河故道，开发荒田，促进农业生产。藁城县在 20 世纪 80 年代实行开荒田、免征农业税的政策，集中力量和资金，组织对滹沱河、木刀沟以及滹沱河故道开展综合开发利用。"先后投资 451 万元，开垦农田 21.2 万亩，其中有 3 万亩已建成高产稳产田"④。

石家庄市岗南、黄壁庄水库的修建极大促进了沿河滩地的开发。20 世纪 80 年代，"沿着滹沱河两岸河滩开发造地 15 万亩，种植果树、花生、西瓜、红薯等，年亩收入 500 元以上，年总收入近 1 亿元"⑤。

表 1-2　藁城县 1982 年以来开荒造田分布情况表⑥

区域	总面积（万亩）	可利用面积（万亩）	已开垦面积（万亩）	已开垦的占可利用面积（%）
滹沱河区（含故道）	20.9	18.6	18	96.8
磁河区	2.5	2.5	2.5	100
木刀沟区	1.9	1	1	100
合计	25.3	22.1	21.5	97.3

---

① 《无极县志》，北京：人民出版社，1993 年，第 164 页。
② 《无极县志》，北京：人民出版社，1993 年，第 164 页。
③ 《无极县志》，北京：人民出版社，1993 年 10 月，第 165 页。
④ 《藁城县志》，北京：中国大百科全书出版社，1994 年，第 103 页。
⑤ 《石家庄地区水利志》，石家庄：河北人民出版社，2000 年，第 260 页。
⑥ 《藁城县志》，北京：中国大百科全书出版社，1994 年，第 103 页。

表1-3 1987年晋州县滹沱河河道滩地开发情况表①

（单位：亩）

名称	总面积	其中				河道利用情况			涉及乡镇	
		行洪	开发面积	已开发面积	未开发面积	造田	林地	果园	乡镇	村庄
河滩	21840	8840	13000	11542	2458	6318	1004	4220	3个	8个
故道	12954	—	12954	11610	1344	2027	1520	8063	5个	9个
合计	34794	8840	25954	23152	2802	8345	2524	12283	8个	17个

三、交通变迁：滹沱河水运影响下的区域社会生态

在生产力发展水平相对落后的时代，与今天"海陆空"立体式交通出行方式不同，便捷的"水上交通"是人们出行的重要组成部分。

滹沱河流域的水运发展历史悠久，可以从河北省平山县出土的中山国墓随葬木船中得到佐证。1974年，河北省平山县三汲乡滹沱河北岸发掘出战国时期中山国君王的墓葬。在古墓南侧，发现有一大型葬船坑，坑中出土了三只大木船和两只小木船，有的船上有船桨，葬船坑的北面还有一条象征河道的长沟。"大船长约13.35米，宽约2米，舷板高约0.75米，船头方型而起翘，宽约1.31米，船头上翘显然是为了减小运行中的阻力。据船上残存的杆帽和彩杆判断，船上部可能有棚架等装置，残存的5只木桨，桨叶宽9.5厘米，长1.41米"②。这一发现不仅反映出战国时期河北地区造船技术的进步，更说明当时的舟船已得到广泛使用。

（一）滹沱河水运是区域经贸往来的主要交通方式

明清以来，河北位居京畿重地，京广驿道经过辛集镇，辛集镇位置优越，是东、西、南各省进京必经之路。加上滹沱河流经辛集镇北，更具有水运之

---

① 《晋县志》，北京：新华出版社，1995年，第191页。

② 王树才、肖明学：《河北省航运史》，北京：人民交通出版社，1988年，第2页。

便，为皮毛集散提供了交通便利条件。辛集镇皮毛业得以迅速发展起来。至清朝中叶，辛集镇已经成为我国著名的皮毛集散中心。辛集镇商贾熙攘，成为繁华之地，与山东省淄博周村镇齐名。因此，在全国有"山东一村，河北一集"① 之称。

河北沧州地区献县属于滹沱河下游，滹沱河与滏阳河在这里汇合，滹沱河水运对于繁荣献县地区经济发展起到了重要推动作用。"从天津到正定长约 476 千米，打开了一条水上通途，我县清末和民国期间兴盛一时的滹沱河航运，主要是指这条新河道。此河开挖以后，献县又增加了李谢、留钵、老河口（滏阳河、滹沱河、子牙河三河汇流之处）三个码头，比较著名的有李谢的煤场、木厂，留钵的石料场、粮店，老河口的货栈及倒运站"②。根据河北省航运管理局《史文稿辑》记载："在 1937 年以前，河口至正定能季节性的通航，自饶阳县吕汉经臧桥至天津可通小火轮，本县的农副产品及干鲜水果的输出，煤炭、石料、食盐、日用百货的输入，该河担负着一定的运输任务"③。

滹沱河水运成为河北省和天津地区经贸往来的重要交通方式。近代中国的海上运输逐渐被西方列强所垄断，但是，内河运输业却日益发达。除了当时铁路等其他交通方式尚未完善等因素外，主要归因于内河运输具有易开发，运输量大、运输成本低的特性。

天津地区具备内河航运的优势条件，其上游包括滏阳河和滹沱河两大支流。"连接着河北南部、中部广大粮棉产区，腹地面积 36605 平方公里。天津至臧桥区段，航程 185 公里，水量充沛，可通行载重 50 吨至 150 吨的木帆船。其上游滹沱河，臧桥至正定区段，航程 190 公里，丰水期尚能通行载重 25—35 吨左右的小型木帆船，枯水期则常常断航"④。

滹沱河水运也是井陉矿区煤炭外运的主要通道。"子牙河航线天津至献县臧桥区段为开滦煤市场，滏阳河为邯郸峰峰煤市场，滹沱河为井陉煤

---

① 《辛集皮毛志》，北京：中国书籍出版社，1996 年，第 9 页。
② 《献县交通志》，石家庄：河北人民出版社，1988 年，第 189 页。
③ 《献县交通志》，石家庄：河北人民出版社，1988 年，第 189 页。
④ 王树才、肖明学：《河北省航运史》，北京：人民交通出版社，1988 年，第 101 页。

市场"①。

水运除了具有水资源的优势条件，水运成本因素也有明显优势。"水运较陆运运费低三分之一。粮食、煤炭等大宗货物经柳辛庄火车下站后都爱转水运"②。

民船运费根据具体距离远近、船只的种类大小、运送货物的性质等基本情况，由双方共同商议确定。以子牙河运价为例，子牙河航线（包括滏阳河和滹沱河）民船运输，运输产品主要为粮食、棉花和煤炭。20 世纪 20 年代末，"运价按上下水平均计算，吨公里运费为 0.022 元（银元）。杂货的运费较高，每吨公里在 0.027 至 0.4 元（银元）之间；粮食的运费最低，每吨公里只有 0.014 元至 0.02 元（银元）"③。

以棉花运输价格来看，在运往天津等地的报价中，"大车每担公里运价为 0.0155 元（银元），民船为 0.0026 元（银元）。火车则为 0.0087 元（银元）"④。从运输费用来看，滹沱河水运的价格为最低，而铁路运输的价格则是处于二者之间。"火车运费相当于民船运费的 3.4 倍"⑤。所以，从石家庄、保定、邯郸地区来看，这些区域同时具备火车运输和水上运输的便利，这也导致这些地区两种运输方式的竞争局面比较激烈。

再以石家庄向天津运输棉花为例，运输途径有京汉铁路和滏阳河、滹沱河水运。如果通过滹沱河水运，需要先走小段陆路，再经小船倒至大船，程序较烦琐，但是综合成本却低于铁路运输。"石津间利用铁路每担棉花的运费为 3 元。占棉花总费用的 6.9%。而利用水运，包括大车、小船中转费用在内，每担运费也只有 1.066 元，只占总费用的 2.5%。相比之下，每担棉花的运费支出，铁路高于水路 1.934 元。这样，棉商使用铁路运输，销售一担棉花要亏损 1.139 元，而用民船运输，则盈利 0.862 元"⑥。

---

① 王树才、肖明学：《河北省航运史》，北京：人民交通出版社，1988 年，第 166 页。
② 《正定县志》，北京：中国城市出版社，1992 年，第 421 页。
③ 王树才、肖明学：《河北省航运史》，北京：人民交通出版社，1988 年，第 112 页。
④ 王树才、肖明学：《河北省航运史》，北京：人民交通出版社，1988 年，第 112 页。
⑤ 王树才、肖明学：《河北省航运史》，北京：人民交通出版社，1988 年，第 113 页。
⑥ 王树才、肖明学：《河北省航运史》，北京：人民交通出版社，1988 年，第 113 页。

表 1 –4   石家庄每担棉花输津费用对比表① (1927 年)

费用名称	铁路 (元)	水路 (元)
购棉费用	35.000	35.000
运费	3.000	1.066
包装费	0.800	0.800
佣金	1.650	1.650
税捐	2.417	2.150
杂支	1.750	1.950
到天津总用费	44.617	42.616
天津市场销售价	43.478	43.738
盈亏	(－) 1.139	(＋) 0.862

河北地区的民船运输,之所以能够得到较快的发展,尽管客观因素很多,但运输成本低、运输量大等特点,无疑使其在与铁路和陆路运输竞争中处于优势。所以,河北内河民船运输的优势可归结为"水路优良、航运便利、费用低省"②。

(二) 渡口出行是人们日常交通出行方式之一

在交通尚不发达的时代,充裕的水资源为人们交通出行提供了多元化的选择,极大方便了人们的生产与生活。随着时代的发展,这种交通方式已经随着水环境的改变而逐渐消失。

以河北省平山县为例,平山县水运可以追溯到战国时期,中山恒公复国后迁都至灵寿。灵寿旧城南邻滹沱河,水量充裕,水势平和,水上运输便捷,由此可以到达中山国东部各个区域。赵灭中山以后,灵寿故城的水上运输日益萧条。秦汉以后,在滹沱河两岸的部分村镇设立渡口。

平山县境内的渡口主要分布在滹沱河和冶河。规模较大的渡口有川坊、郭村、王母、南贾壁村、郑家庄。

---

① 王树才、肖明学:《河北省航运史》,北京:人民交通出版社,1988 年,第 113 页。
② 王树才、肖明学:《河北省航运史》,北京:人民交通出版社,1988 年,第 114 页。

南贾壁渡口，位于南贾壁村南的冶河上，属于平山县境内规模较大的渡口。"拥有木船6只，船工70余名，可以摆渡行人、货物及来往马车和汽车"。[①] 渡口由南贾壁村船家入股经营，冬春架设草木便桥供行人往来，每年夏末和秋后作物收打完毕，有船家在县境内逐户募捐钱粮。"民国初期有船工20余人，木船3到4只。1945年8月平山城解放以后，渡口仍然由南贾壁村经营"[②]。

1952年，当地在南贾壁村建立一座大型木桥，至此南贾壁村渡口停业。1956年滹沱河流域发生洪水，导致木桥被冲走，交通中断。"石家庄专署新调来木船两只，然后又发动五星农业合作社，购船四只"[③]，重新组建起了一支渡船经营队伍。同时在两岸修好码头，保证船只顺利靠岸，保证人员、货物和汽车、马车往来。

1964年12月，当地兴建一座钢筋混凝土永久性桥梁，彻底结束了两岸人民冬春过桥，夏秋靠船渡的状况，该渡口的历史使命由此终结。

郭村渡口，位于郭村村南的滹沱河上，是西起岗南，东、北至灵寿县的群众到平山县的捷径。1947年，郭村渡口重新恢复渡口业务，尤其是在"大跃进"期间，对于缓解外出人员的交通出行发挥了较大的作用。1963年，黄壁庄水库一期工程竣工以后，水库水位不断上涨，郭村渡口停业。

王母渡口，该渡口位于平山县王母村北的滹沱河上，其下游有郭村渡口，到平山县城比较近，加之船家居住于南岸，所以，王母渡口交通流量比较小。"20世纪30年代末、40年代初，王母村刘向民等村民以16股40石米购船一只用以经营渡口"[④]，一直到1956年农业合作化，后来因为业务量较小，停止经营。

1960年，王母渡口由该村集体经营。1963年，郭村渡口被黄壁庄水库淹没。平山县交通局将郭村桥拆到王母渡口，来往人员剧增，王母渡口业务量随之上涨。1973年7月，王母混凝土桥建成，王母渡口停止运营。

---

① 《平山县志》，北京：中国书籍出版社，1996年，335页。
② 《平山县志》，北京：中国书籍出版社，1996年，335页。
③ 《平山县志》，北京：中国书籍出版社，1996年，336页。
④ 《平山县志》，北京：中国书籍出版社，1996年，336页。

岗南水库水上运输。1958 年，岗南水库开始修建，为解决库区周围群众交通不便，石家庄专署公路局建立岗南航运站，主要业务为客货运输和修建西柏坡纪念馆所需物资的运输。"开辟了岗南大坝到东峪，岗南大坝到陈家峪两条航线，每天两个航次，日客运量达到了 500 人左右"①。

1965 年，随着库区各村道路工程的日益发展和完善，水上运量逐年减少。1972 年以后，由于岗南水库水位低下，航运站只能靠捕捞水产维持基本运营。1985 年以后，岗南水库出现网箱养殖产业，自此，航运站主要为水产公司提供运输服务。

在交通尚不发达的时代，滹沱河渡口发挥了重要的作用，成为历史时期交通出行方式的重要构成之一，随着交通网络的日益完善以及水量的不断减少，渡口逐渐退出了历史舞台。

（三）滹沱河水运与革命事业的胜利推进

新民主主义革命时期，滹沱河水运成为革命事业推进的重要后勤保障。在晋察冀革命根据地，1947 年 12 月，冀中行署设立冀中运输公司，下设航运大队、马车大队和汽车大队。船运大队驻地位于献县臧桥，由此往南沿子牙河可进入滹沱河或滏阳河，往北可达天津市，或转道进大清河与南运河，交通非常便利。"航运大队共有木船 40 艘，载重量为 400 吨，有员工 280 人，还有一座造船厂。按照运输计划要求，航运大队相继在大清河航线保定至胜芳间、子牙河航线及上游滹沱河、滏阳河航线，积极开展了支前和商业运输，并大力组织民船开展运输。到 1949 年 8 月，已发展到拥有大中型船舶 49 艘，载重量为 2200 吨"②。

四、政治抉择："水"资源与红色圣地

水资源不仅影响区域社会人们的生产与生活，也是某一革命节点上的重要影响因素。

---

① 《平山县志》，北京：中国书籍出版社，1996 年，第 336 页。
② 《漳卫南运河志》，天津：天津科学技术出版社，2003 年，第 183—184 页。

河北省平山县西柏坡村,是滹沱河边上的一个小村庄,是"中国革命最后一个农村指挥所",被誉为"新中国从这里走来"。从当时选址来看,之所以选择西柏坡作为党中央所在地,水资源因素发挥了极其关键的作用。中共中央一方面要考虑安全因素,同时也要充分考量物质基础条件。因此,滹沱河流域的水资源所造就的西柏坡的"富饶"成为党中央选址的重要原因。西柏坡被称作"晋察冀的乌克兰",由于丰富的滹沱河水资源,造成了西柏坡地区丰厚的物质基础条件。"当年滹沱河在平山县境内穿县而过,为平山县创造了十三万亩肥田沃土,西柏坡村就位于滹沱河北岸,这里滩地肥美,稻麦两熟,村庄稠密,人民生活殷实安康"①。由于经济力量雄厚,抗战期间平山县在物力、财力方面对晋察冀边区作出了巨大的贡献,"仅八年抗战期间,平山就缴纳公粮 4533.16 万斤,军鞋 157.27 万双"②。

滹沱河丰富的水资源造就了西柏坡地区坚实的农业基础,这种良好的基础条件成为影响人们政治抉择的重要因素,由此,也就形成了环境与政治之间的良性互动关系。

以水资源为依托和动力源,"水"成为人类社会发展的重要驱动力,它几乎涉及人类社会发展的全方位,由此也可以勾画出滹沱河流域社会发展的历史场景。因此,更可以充分领会滹沱河作为"母亲河"的内涵所在,也是当前探讨滹沱河流域水环境变迁的首要背景。

水孕育着文明,水推动着社会发展,滹沱河流域的"水"生态环境成就了区域的历史和未来,并在政治、经济、文化、社会、生态等诸多方面赋予其"水"的显著特征。回顾和考察滹沱河流域水环境变迁的首要之义就在于考察"因水而兴"在区域社会发展中的历史含义和主体表现。

---

① 于海龙:《西柏坡历史二十五讲》,石家庄:河北教育出版社,2011 年,第 54 页。
② 邵文英:《中共中央选址西柏坡原因之综述》,《党史博采》,2015 年第 9 期。

第二章 "适可而止": 人地互动与水环境"质"之变——以水体污染为考察中心

水体污染是滹沱河流域水生态环境变迁的重要特征之一。这种水"质"之变不仅改变了滹沱河流域水环境的自然状态，而且引发了生活方式、生产方式、社会心态、区域水案等的系列变迁。本章主要探讨滹沱河流域水"质"之变的社会驱动因素，以及由此引发的社会连锁效应。

一、滹沱河流域水环境"质"变的社会驱动要素

1979 年，石家庄市开始调查环境污染源，之后分别在 1985 年和 1987 年进行了两次工业污染源调查。调查的企业包括县（区）属以上的全部有污染的企业、乡镇企业中污染较重的企业，有污染的事业单位及实验场所、县（区）属以上医院。并以《石家庄市区环境质量评价及污染防治途径研究》的课题为依托，由石家庄市环境保护监测站完成了《石家庄市环境污染源调查与评价》报告。

报告以石家庄地区石津灌区为例，该灌区涉及三地一市的十四个县，灌溉着 270 多万亩农田，关系到下游七八个县十几万人的饮水和沿渠各县地下水的补充。20 世纪 80 年代，"每天排入其中的污水，石家庄市大约有十几万吨，藁城、晋县大约有 3 万吨。在石家庄市这一段污染源主要来自红星机械厂、东风焦化厂、化肥厂等 20 多个工厂，仅仅化肥厂一家每年就向里边排砷 800 多公斤，因此，渠内五种毒物应有尽有。其中酚超过标准一百倍，氯化物

最高值超标 19 倍多，砷最高值超标 6.6 倍"①。

（一）工业企业生产与水"质"之变

生态环境破坏性规模化的出现是长期污染破坏的蓄积和爆发。20 世纪七八十年代，石家庄地区"工业废水大约日排 23 万吨，年排各种有毒有害气体 45 万余吨，年排废渣 190 万吨，这些废水、废气、废渣，大部分未经任何处理任意排放，此外，石家庄市日排工业废水和生活污水约 65 万吨，水中含有毒物质达 25 种以上，这些污水也未经处理直接排入蛟河、石津灌区、滹沱河"②。

1986 年 8 月至 1987 年 3 月，石家庄市环境保护机构进行了第三次工业污染源调查。"共计调查了 618 个企业，45 个医院。从废水排放来看，调查企业有废水排放的 567 个，年排废水 20925.9 万吨，占全市工业废水总排放量的 95.92%，达标排放量为 9609.9 万吨，占到了总排放量的 45.9%，工业废水处理量为 3164.1 万吨，处理率为 15.1%"③。由此可以看出，这一时期工业生产废水的达标排放量比例和工业废水处理率比较低。

企业生产的废水排放造成的环境污染事故屡有发生。藁城县化肥厂废水排放造成了当地林果业的生产损失。"1983 年，化肥厂排放的废水淹毁苍德村果园 39.5 亩，死苗 3 万余株，有 128.4 亩小麦严重减产"④。此外，"石家庄食品一厂反映该厂区内井水有异味，经调查，系农药厂苯头馏分贮罐渗漏造成地下水污染；石家庄市化工三厂水井中含酚 0.31 毫克/升，超过国家规定饮用水标准 154 倍"⑤。由此，企业应关注如何减少排放或"变废为宝"。辛集市化工厂在生产硫酸钡的过程中，毁坏农田、碱化土壤，污染环境，同时造成很大浪费，"经过研究试验，我们采取废水

① 《冀建波在全区环境保护工作会议上的讲话》，1980 年 1 月 12 日，石家庄市环境保护办公室档案，石家庄市档案馆藏，档案号：65-1-6。
② 《关于贯彻第二次环境保护会议精神的报告》，1979 年 11 月 9 日，石家庄市环境保护办公室档案，石家庄市档案馆藏，档案号：65-1-6。
③ 《石家庄市环境保护志》，北京：中国画报出版社，1995 年，第 20 页。
④ 《藁城县志》，北京：中国大百科全书出版社，1994 年，第 262 页。
⑤ 《石家庄市环境保护志》，北京：中国画报出版社，1995 年，第 16 页。

浓、稀分流的治理措施，采用双效减压蒸发装置，年回收60%的硫化碱5000吨，同时对硫酸钡设备进行改造，将稀碱水（1%）用于化硝、化钡并形成废水闭路循环"①。

表2-1　石家庄市废水中主要有害物质排放量及比例表②

编号	名称	排放量（吨）	比例（%）
1	悬浮物	46178.00	35.1
2	COD	58875.00	44.75
3	BOD5	24910.00	18.93
4	石油类	1390.40	1.05
5	硫化物	127.80	0.10
6	氰化物	53.700	0.04
7	挥发性酚	9.500	0.01
8	铅	9.500	
9	六价铬	9.500	
10	砷	6.700	0.02
11	镉	1.100	
12	汞	0.300	
合计		131571.6	100

（根据1986年8月至1987年3月石家庄市第三次工业污染源调查结果）

（二）公共卫生行业与水"质"之变

公共卫生行业的废水排放也是造成滹沱河流域水环境污染的重要源头之一。根据石家庄市环保部门1985年调查统计发现，"石家庄市有医疗卫生单位179个，设病床10500张，对其中较大的45个进行调查，被调查的45家医

---

① 辛集市化工厂：《加强环境保护 创建清洁文明工厂》，1990年3月5日，石家庄地区第四次环境保护会议材料，石家庄地区环境保护办公室档案，石家庄市档案馆藏，档案号：65-1-63。

② 《石家庄市环境保护志》，北京：中国画报出版社，1995年，第24页。

院全年用水量为 274 万吨，排放废水 219 万吨，废水污染物化学耗氧量为 313 吨，悬浮物 182 吨，还含大量的细菌，年产生固体废弃物 1121 吨"[①]。

表 2 - 2   1987 年石家庄市主要医院污染物排放量统计表[②]

隶属关系	数量（个）	病床（张）	耗水量（吨）	废水量（吨）	固体污染物（吨）
直属医院	6	3292	116.873	93.4984	513.125
市属医院	5	1352	37.3336	29.869	5.34
区属医院	8	1140	20.2575	16.3958	38.2155
军队医院	3	1500	51.465	41.172	54.75
县属医院	10	1644	28.142	22.0832	273.385
厂矿医院	9	463	4.225	3.3799	79.862
其他医院	4	618	16.1376	13.2714	76.285
合计	45	10009	274.436	219.6697	1121.463

（三）乡镇企业生产与水"质"之变

改革开放以后，乡镇企业异军突起，乡镇企业对于地方经济发展，改善农村经济面貌和提高农村生活水平做出了巨大贡献，乡镇企业主要从事化工、建材、机械加工、锻造熔炼等行业生产。以石家庄为例，"截止到 1988 年底，该地区乡镇企业达 6 万多个，乡镇工业产值 37 亿元，全区工业产值 53 亿元，其中乡镇工业产值占全区工业产值 69.8%"[③]。以河北省藁城市为例，"1984 年，我市工农业总产值四亿五千七百五十三万元。其中工业总产值为七千九百三十七万元，乡镇企业总产值为二千七百三十二万元，占全市总产值的 6.1%。1988 年，全市实现工农业总产值十亿零三百万元，其中工业总产值六亿四千九百一十五万元，而乡镇企业总产

---

① 《石家庄市环境保护志》，北京：中国画报出版社，1995 年，第 25 页。

② 《石家庄市环境保护志》，北京：中国画报出版社，1995 年，第 26 页。

③ 《发展乡镇企业 保护城乡环境》，1990 年 3 月 5 日，石家庄市环境保护办公室档案，石家庄市档案馆藏，档案号：65 - 1 - 63。

值则达到五亿二千零七万元，占全市总产值的 51.85%。1984 年全市共有企业 200 余个，1988 年则发展到 15366 个，其中乡镇企业 13318 个，占到全市企业总数的 99.58%"①。由此可见，乡镇企业在国民经济发展中占据重要地位。

但是，从生态环境变迁的视角看，乡镇企业在发展过程中的生态破坏性也是不容忽视的。乡镇企业的特点，一般是工艺简单，设备简陋，多数无治理设施。1989 年石家庄市环保部门调查，"石家庄地区乡镇企业污染行业当中，有污染治理设施的仅有 39 家，占全区污染企业总数的 1.57%，而 98.43% 的企业无治理设施，因此造成的环境污染是非常严重的"②。

由于缺少环境治理处理设施，乡镇企业通常的做法是将生产废水直接排入渗坑、渗井或流入沟渠河道。以乡镇造纸厂为例，虽然大多数规模较小，但是废水排放量较大。"在农村一个小造纸厂，污染一条河流，毁了一个水源，造成农村饮水困难，河道黑臭，鱼虾绝迹……深泽县有土炼油厂 15 个，这些厂浪费了资源，污染了环境，影响了人们的身体健康，晋县是燃料之乡，这些厂所排高浓度有机废水，未经任何处理直接排入河道、渗坑中，直接污染地表水和地下水"③。

1989 年，石家庄市环保局对该市辖六区的企业进行了调查，其中，"详查 541 个，普查 198 个。调查厂家属集体所有制的 648 家，个体所有制 91 家，职工总数为 51800 人，工业产值为 7147.88 万元。其中污染严重的有 541 家，涉及 11 个行业"④。由表 2-3 可知，在炼焦、淀粉酿酒、印染等行业废水排放的达标率非常低，甚至为零。

---

① 藁城市城建环保局：《加强环保管理　促进乡镇企业健康发展》，1990 年 3 月 5 日，石家庄地区第四次环境保护会议材料，石家庄地区环境保护办公室档案，石家庄市档案馆藏，档案号：65-1-63。

② 《发展乡镇企业 保护城乡环境》，1990 年 3 月 5 日，石家庄市环境保护办公室档案，石家庄市档案馆藏，档案号：65-1-63。

③ 《发展乡镇企业 保护城乡环境》，1990 年 3 月 5 日，石家庄市环境保护办公室档案，石家庄市档案馆藏，档案号：65-1-63。

④ 《石家庄市环境保护志》，北京：中国画报出版社，1995 年，第 28 页。

表 2 - 3 1989 年乡镇工业详查行业各区域废水排放情况表[1]

行业名称	废水排放量（万吨）	标排放量（万吨）	达标率（%）	占废水总量百分比（%）	位次
淀粉酿酒	18.76	0	0	3.67	5
印染	34.41	4.31	13	6.73	4
造纸	331.91	0	0	64.94	1
炼焦	0.05	0	0	0.01	8
化工	60.63	39.10	64	11.86	3
水泥	63.79	56.53	89	12.48	2
黑色及有色金属冶炼	0.09	0.09	100	0.02	7
电镀	1.47	1.47	100	0.29	6
合计	511.11	101.50	20	—	—

此外，在滹沱河流域山西段，水体污染情况非常严重。滹沱河流域的废水排放占到了山西省忻州市污水排放的较大比例。"2006—2010 年，滹沱河流域年均废污水排放量为忻州市废污水排放总量的 72.9%，约为 2895.94 万立方米，其中城市生活废污水排放量 882.5 万立方米，占滹沱河区废污水排放量的 30.5%，工业废污水排放量 2013.4 万立方米，占滹沱河区废污水排放量的 69.5%；年矿坑排水量 134 万立方米，年污水利用量 1035.6 万立方米，年入河废污水总量约为 2316 万立方米，占全省入河废污水量的 7%"[2]。

表 2 - 4 2006—2010 年忻州滹沱河流域 7 座中型水库水质概况评价[3]

水库名称	各年水质类型					2010 年超标项目及超标倍数
	2006	2007	2008	2009	2010	
孤山	劣 V	VI	V	劣 V	劣 V	总磷（0.2）化学需氧量（0.3）氟化物（1.4）石油类（10.2）

① 《石家庄市环境保护志》，北京：中国画报出版社，1995 年，第 34 页。
② 赵鹏宇：《忻州市滹沱河区生态保护研究》，太原：山西人民出版社，2015 年，第 44 页。
③ 赵鹏宇：《忻州市滹沱河区生态保护研究》，太原：山西人民出版社，2015 年，第 49 页。

续表

水库名称	各年水质类型					2010 年超标项目及超标倍数
	2006	2007	2008	2009	2010	
下茹越	III	VI	III	VI	VI	石油类（8.6）总氮（0.1）
神山	II	II	III	II	劣 V	化学需氧量（0.5）石油类（2.8）总氮（3.0）
观上	III	II	II	II	V	化学需氧量（0.4）石油类（2.2）总氮（0.9）
米家寨	II	II	II	II	VI	石油类（6.6）总氮（0.1）
双乳山	劣 V	III	III	II	V	化学需氧量（0.1）石油类（15.0）溶解氧（0.1）
唐家湾	库干	III	III	III	库干	—

表 2－5　2002—2003 年忻州滹沱河区入河排污口等标污染负荷[①]

河名	排污口名称	等标污染负荷	占总负荷（%）
滹沱河	繁峙县瓷地粉丝厂	530.3	3.0
滹沱河	繁峙县下寨河支流口	1010.4	5.8
滹沱河	原平市库狄	747.2	4.3
滹沱河	原平市桃园	6364.0	36.6

（注：总负荷 17394.68）

表 2－6　2006—2010 年忻州滹沱河区 7 座中型水库富营养化程度[②]

水库名称	各年富营养化程度				
	2006 年	2007 年	2008 年	2009 年	2010 年
孤山	中营养	富营养	中营养	中营养	轻度富营养
下茹越	富营养	富营养	中营养	中营养	中营养
神山	中营养	中营养	中营养	轻度富营养	中营养
观上	中营养	中营养	中营养	轻度富营养	中营养
米家寨	中营养	富营养	中营养	轻度富营养	中营养

① 赵鹏宇：《忻州市滹沱河区生态保护研究》，太原：山西人民出版社，2015 年，第 48 页。
② 赵鹏宇：《忻州市滹沱河区生态保护研究》，太原：山西人民出版社，2015 年，第 50 页。

续表

水库名称	各年富营养化程度				
	2006 年	2007 年	2008 年	2009 年	2010 年
双乳山	中营养	中营养	中营养	轻度富营养	中营养
唐家湾	库干	中营养	中营养	轻度富营养	库干

　　未雨绸缪，方能获得在人地关系中的主动权和控制权。以乡镇企业为例，乡镇企业的污染排放是造成滹沱河流域水生态变迁的主要驱动因素，而且这一现象具有一定普遍性。值得借鉴的是，个别区域的发展模式有效地协调了经济发展和自然生态的共存关系。以广东省顺德乡镇企业发展为例，改革开放之初，顺德乡镇企业发展就注重协调好经济发展和生态环境的关系，并由此形成了"顺德经验"向全国推广。从水环境变迁来看，20 世纪 80 到 90 年代，该区域保持了较为良好的水生态环境。"从全县 5 条主要河道 1990 年水质监测结果来看，与 1982 年相比，溶解氧上升 0.02 毫克/升，亚硝酸盐上升 0.007 毫克/升，高锰酸钾指数上升 1.47 毫克/升，水体污染物浓度都低于国家规定的 II 类水质标准"[①]。从具体指标来看，该区域的水生态环境质量处在较好的状态中，这也反映出了该区域生态环境与经济开发相对和谐的状态。

（四）农业生产与水"质"之变

　　随着农业生产模式的改变，农业施肥方法由传统开始转向现代，在促进农业高效发展的同时，这种改变也对水环境带来一定影响。其中，石家庄地区的化学农药的使用量一直处于较高状态，远远超过河北省和全国的平均水平。"全区农药的销量，1965 年为 0.9 万吨，1975 年为 4 万吨，1971 年到 1981 年，十年共销售各种农药 6.6 亿斤，平均每年每亩地 7 斤，高于全省用药量（2 斤左右）的 2.5 倍，高于全国用量的 3.4 倍，特别是晋县，平均每亩

---

① 曲格平：《曲之探索：中国环境保护方略》，北京：中国环境科学出版社，2010 年，第 155 页。

达 18 斤，高于全省 8 倍，高于全国平均用量 89 倍"①。

20 世纪 50 年代初，藁城县化肥使用量很小，农业生产主要以农家粗肥作为基肥。传统的施肥模式是底施农家粗肥，个别会继续增施棉籽饼，以及追施炕坯、旧房土、人尿、草木灰等其他肥料。从 20 世纪 50 年代开始，农业生产中开始推广使用化学肥料，主要以硫酸铵为主。70 年代在施足基肥的前提之下开始追加化肥。"70 年代后期一般在种麦前亩施 3 到 5 方粗肥，混合50 到 80 公斤磷肥，兼施 15 公斤碳铵效果更好"②。80 年代中期，施肥方式改为农作物秸秆直接还田粉碎后与磷肥氮肥一起翻埋做基肥。在此基础上进行追肥，主要包括碳铵、尿素、磷酸二铵、硼肥和锌肥等。

表 2 - 7　藁城县 1975 年—1985 年化肥用量表

年　份	混合量		氮肥		磷肥	
	总量（万公斤）	亩均（公斤）	总量（万公斤）	亩均（公斤）	总量（万公斤）	亩均（公斤）
1975	4314. 5	51. 5	2539	30. 5	1775. 5	21
1976	4466	53. 5	2583	31	1883	22. 5
1977	5182. 5	62	2896. 5	34. 5	2286	27
1978	6141. 5	73. 5	3322. 5	40	2819	33. 5
1979	8437. 5	135	4884	58. 5	3553. 5	63. 5
1980	9554	113. 5	5971	71. 5	3533	41. 5
1981	7932. 5	95	4815. 5	57. 5	3117	37. 5
1982	9979. 5	119. 5	5869. 5	70	4110	49
1983	11200	134	6818	81. 5	4382	52. 5
1984	10543. 5	126. 5	6760	81	3831. 5	45
1985	10522	126	6652. 5	79. 5	3379	40. 5

化肥的使用过程中存在流失率问题，因此，化肥使用量的绝对上升也是

---

① 《我区自然资源利用和破坏的初步调研报告》，1982 年 4 月，石家庄市环境保护办公室档案，石家庄市档案馆藏，档案号：65 - 2 - 7。

② 《藁城县志》，北京：中国大百科全书出版社，1994 年，第 112 页。

以对水生态环境的破坏为主要代价的。化肥主要是氮、磷、氨肥，"在氮肥流失系数方面，一般农作物对氮肥的吸收利用率为35%左右，65%通过挥发、淋失、渗透而损失，最低随水流失量为20%，在磷肥流失系数方面，一般作物对于磷肥的当季吸收利用率为20%左右，约15%随水流逝，在氨肥流失量系数上，NHE3－N是地表水水质的主要超标项目，它的流失量一般按照TN流失量的10%计算"[①]。

农田使用的硫酸铵、氯化铵等肥料导致土壤酸化，磷肥可以通过淋溶作用进入水体，从而会引起水体的富营养化现象，并由此造成锌、铜、铬、镉污染现象的出现。

除农业施肥以外，农药的大量使用也对水生态环境造成了破坏，它对于水生态环境的破坏具有"生物链的逐级累积特性的特点"。因此，"治理农药的面源污染是当前农村水环境治理的重要任务，按照目前的农业技术水平，农药流失率一般高达70%—80%"[②]。

表2－8　1964－1985年藁城县化肥、农药购销量表[③]

年　份	化　肥（吨）		农　药（吨）	
	购进	销售	购进	销售
1964	5659	5231	1555	1196
1968	13398	18259	—	2545
1974	14362	40775	4063	4801
1979	51034	78589	832	5340
1981	38580	54429	2795	3741
1982	69273	91947	330	3608
1983	55544	74453	995	1710

---

① 黄森慰：《农村水环境管理研究》，北京：中国环境出版社，2013年，第31页。
② 黄森慰：《农村水环境管理研究》，北京：中国环境出版社，2013年，第30页。
③ 《藁城县志》，北京：中国大百科全书出版社，1994年，第183页。

续表

年　份	化　肥（吨）		农　药（吨）	
	购进	销售	购进	销售
1984	74021	8174	128	576
1985	13392	35972	40	356

　　注：①1983 年后，农资经营渠道放开，允许跨行业经营，统计不全面。②省、地直属部门调进的物资只计销售，不计购进。

　　同西方发达国家相比，我国的化肥使用量是比较高的，这也给水生态环境治理带来了挑战。"2002 年我国化肥施用量为 4339.39 万吨，占到全世界的 30.65%；2002 年我国亩均化肥施用量为 22.25 公斤，世界亩均化肥施用量为 6.72 公斤，日本为 19.37 公斤/亩，美国为 7.31 公斤/亩，我国亩均化肥施用量是世界平均水平的 3.31 倍，日本的 1.15 倍，美国的 3.04 倍；2010 年我国的化肥施用量为 5561.7 万吨，比 1978 年的 884 万吨增加了 6.29 倍，年均增长为 8.32%；亩均化肥施用量为 30.46 公斤，单位农林业总产值化肥施用量为 140.6 公斤/万元"[①]。

　　综上所述，滹沱河流域"水"质之变是在"合力"作用下完成的，进而造成了滹沱河流域水环境的"不能承受之重"。

二、水环境"质"变下的社会风险的出现

　　水体环境污染不仅造成了水质之变，也很大程度上改变了人类社会的生存状态、运行秩序与社会心态，导致了一定范围内社会风险的出现。

（一）影响和改变着农村社会秩序

　　滹沱河流域水生态环境的改变对区域社会的社会运行产生了负面效应。"有些地方长期饮用被污染的水，呼吸被污染的空气，发病率显著增高，婴儿

---

　　① 黄森慰：《农村水环境管理研究》，北京，中国环境出版社，2013 年，第 31 页。

畸形怪胎增多，群众焦虑不安"①。

早在20世纪80年代，滹沱河流域区域性水体污染的负面效应就已经显现。石家庄市污水导致栾城县境内、沿河两岸附近的地下水污染日趋严重，方村、娄底村地下水质几乎和东明渠一致，已经无法饮用。1984年，石家庄市环保部门调查发现，"地下水污染11个乡镇，120平方公里的土地，污染区癌症的发生率明显增加，大大高于对照的清灌区，南焦村大队1980年因病死亡中因癌症死亡86人，占35.5%，比例之大，使人震惊"②。

工业污水常年在排水沟蓄积，特别是盛夏季节，不仅大气被严重污染，而且滋生了大量野生蚊子。以河北省束鹿县为例。"据该县防疫站1975年调查，草丛的蚊子成群，特别是桥壁上的密度更大，每平方米约达5000—10000个，群众反映'说这臭水生的蚊子真厉害，晚上咬你不算，大白天还咬人'，而且这些蚊子能够传播疟疾、大脑炎等流行性疾病，严重威胁到沿途群众的身体健康"③。

石家庄地区南赵村委会关于要求将栾城县铬酸酐厂停产的报告中提到，为了解该厂的污染危害，他们专门派人赴山东、天津等地进行调查了解类似企业的污染情况。在天津赤卫化工厂，他们了解到，废水的渗透能力极强，严重污染地下水。"天津这家工厂的废水渗透到地下200米，污染地下水的范围，方圆20多里，受污染的地下水变成金黄色，我们在周围几个村庄还看到，池塘的水也都变黄了，人畜饮用污染水就要中毒致病，用污染的地下水浇灌农田，庄稼受毒，严重的变黄死亡，轻者生长不旺盛，严重影响粮食的产量，即使打了粮食也含铬，国家不收购，只能自种自吃。天津市化工厂周围地区的人畜饮水，都是从40里外的天津市用水管输送的"④。

---

① 《提高认识，加强领导，在国民经济调整中搞好环境保护工作——屈振恒同志的发言》，1981年6月6日，石家庄市环境保护办公室档案，石家庄市档案馆藏，档案号：65-1-7。
② 石家庄地区环境保护工作会议会议文件之五：《郭志同志在全省环境保护工作会议上的讲话（初稿）》，1984年8月19日，石家庄地区环境保护办公室档案，石家庄市档案馆藏，档案号：65-1-12。
③ 《束鹿县革命委员会关于工业废水危害情况的报告》，1978年5月3日，石家庄市环境保护办公室档案，石家庄市档案馆藏，档案号：65-1-69。
④ 《关于要求上级将铬酸酐厂停产的报告》，1977年9月2日，石家庄市环境保护办公室档案，石家庄市档案馆藏，档案号：65-1-61。

河北省深泽县、无极县的皮革制造业与化工业远近闻名，是当地的主要支柱产业。但是，这种行业所造成的水生态环境破坏问题尤其突出。"在深泽县滹沱河人工湿地，扑鼻而来的恶臭让记者不由得屏住呼吸。看到的几乎已经无法称之为污水，而是一种漆黑浊臭的汤状物，污染程度远远超出记者的想象，让我不由得想起'人间地狱'这个字眼。这片位于深泽县两座跨滹沱河大桥之间的水域面积至少有几百亩，中间有一丛丛水草和一排排小树分割。源源不断的黑水大量涌入湿地，水面上能看到瓶子、鞋子、皮革废料等各种漂浮物。"① 笔者在滹沱河流域深泽县、无极县调研时也发现，滹沱河个别区段已经干涸，成为各类垃圾的存放地，河流的影子已经全然不见，在已经干涸的河道上可以见到大量的废弃皮革。

这种水体污染对人体的健康存在较大威胁。随着人体对这种污染物的逐渐吸收和累积，污染水会对身体健康产生极大威胁，甚至会出现癌变等严重的后果。同时，这种污染的水体也会影响到当地生物种群的健康生长，这样也会间接威胁人类健康。

因此，当地部分村民不能不采取"背井离乡"的方式来逃避这种"生态惩罚"。"当地村民不得不喝致癌污水，他们几近绝望，很多人因此被迫离开了家乡外出谋生"②。

对社会个体而言，社会居住地具有长久性和不易改变性的特征。如无重大风险性因素的出现，社会个体很难做出改变"居住地"的决定。因此，这也恰恰说明滹沱河流域水"质"之变给区域社会发展带来的诸多负面影响与连锁性反应。

（二）城市水缸"生态危机"成为社会公共安全的潜在隐患

担负省会石家庄供水任务的岗南水库和黄壁庄水库，同样难以避免遭受生态环境破坏的噩运。"口头、横山岭、岗南、黄壁庄四个水库，除了口头外，横山岭和岗南水库，五种毒物发现了三种，主要是氰化物。黄壁庄水库

---

① 王永晨：《石家庄深泽滹沱河湿地之殇》，《燕赵都市报》2013 年 8 月 9 日。
② 《河北无极皮革企业直接排污 15 年》，人民网，2014 年 4 月 10 日。

中五种毒物发现了四种，因此，我们一定要重视起来，否则水库一旦遭到污染，后果不堪设想"[1]。

根据《省会石家庄城市水源保护管理办法实施细则》，岗南水库和黄壁庄水库为地表水一级保护区，水质标准执行《地面水环境质量标准》（GB3838-88）二类标准。20世纪七八十年代，绵河是黄壁庄水库的主要来水源。该河从娘子关到黄壁庄水库，沿途两岸有十几个厂矿向河内任意排放污染物，其中包括娘子关电厂、微水电厂。它们向河内排放大量粉煤灰，致使河流受到严重污染，某些河段已成为死河。黄壁庄水库水质日趋恶化。"1978年水库当中的酚、氰、砷检出率平均值均高于1977年，据调查，沿河两岸癌症、肝炎等发病率较往年均有明显增高，以微水大队为例，1972年到1974年癌症发生率为23例，1975年至1977年癌症发生率为49例，增加一倍以上"[2]。

1995年3月16日，石家庄市环保局在向石家庄市政府提交的《石家庄市岗、黄水库水源地水环境污染状况调查及污染防治对策》中称："灵寿县未发现向岗、黄水库排放污水的单位。鹿泉市有一家工厂向黄壁庄水库排放污水。平山县有16家工厂、3家医院向岗、黄水库排放污水，井陉县有20家工厂、3家医院经冶河向黄壁庄水库排放污水，井陉矿区有15家工厂、3家医院经冶河向黄壁庄水库排放污水。四县（市）区每年排放生产污水为2799.211万吨，其中含各种污染物40180.67吨，排放生活污水503.72万吨，其中含有各种污染物3777.54吨。"[3]

其中，从污染源来看，鹿泉市的主要污染源是中山湖肉联厂。该厂位于黄壁庄水库发电放水洞附近。"每年直接进入水库生产污水1万吨，其中含各

---

① 《冀建波在全区环境保护工作会议上的讲话》，1980年1月12日，石家庄市环境保护办公室档案，石家庄市档案馆藏，档案号：65-1-6。
② 《关于贯彻第二次环境保护会议精神的报告》，1919年11月19日，石家庄市环境保护办公室档案，石家庄市档案馆藏，档案号：65-1-6。
③ 《石家庄市岗、黄水库水源地水环境污染状况调查及污染防治对策》，1985年3月16日，石家庄市环境保护局档案，石家庄市档案馆藏，档案号：57-1-221。

种污染物为 7.89 吨，污水中 COD① 等超过污水综合排放标准"②。井陉县的主要污染源为井陉县造纸厂、3502 工厂、3514 工厂、县磷肥厂、县宏鑫化工厂、县针织厂、县化工化纤厂、县微水明胶厂、县化肥厂、微水发电厂、上安电厂、岩峰造纸厂、南河头造纸厂、北张村造纸厂等共计 14 家企业。"这十四家企业年排放生产污水 1462.05 万吨，年排放各种污染物为 18602.8 吨。井陉县每年还排放生活污水 106.43 万吨，其中含有各种污染物 798.23 吨"③。

井陉矿区的主要污染源有当地企业一矿、三矿、赵村铺矿、贾庄造纸厂、新王舍纸板厂、古桥制革厂、石岗头硫酸厂、贾庄卫生院等 8 家单位。"这八家单位年排放污水为 466.59 万吨，排放各种污染物为 16382.22 吨。井陉矿区生活污水排放量为 316.24 万吨，含各种污染物为 2371.8 吨"④。

平山县主要污染源有平山县胜付乡造纸厂、胜付村造纸厂、益民造纸厂、荣盛造纸厂、西柏坡电厂、县化肥厂、县冷冻厂、县化工总厂、县啤酒厂、县地毯厂、县毛巾厂、平山一钢厂、平山二钢厂、县磷肥厂、县医院、县中医院和县妇幼保健站等 17 家单位。"这 17 家单位年排放污水 667.251 万吨，年排放各种污染物为 2876.77 吨。平山县还有生活污水 270.18 万吨，其中 70% 用于农田灌溉，30% 排入黄壁庄水库，含有各种污染物为 607.51 吨"⑤。

除此之外，平山县小炼金污染状况也比较严重，这些小工厂没有正当的经营手续，而且生产工艺十分落后，生产条件简陋，含有汞和氯化物生产废水任意排放。"小炼金厂点外排水汞的浓度为 0.0113 毫克/升，小炼金点下游苏家桥下河水汞的浓度为 0.0001 毫克/升，达到了地面水环境质量标准三类

---

① 化学需氧量 COD（Chemical Oxygen Demand）是以化学方法测量水样中需要被氧化的还原性物质的量。废水、废水处理厂出水和受污染的水中，能被强氧化剂氧化的物质（一般为有机物）的氧当量。在河流污染和工业废水性质的研究以及废水处理厂的运行管理中，它是一个重要的而且能较快测定的有机物污染参数。
② 《石家庄市岗、黄水库水源地水环境污染状况调查及污染防治对策》，1985 年 3 月 16 日，石家庄市环境保护局档案，石家庄市档案馆藏，档案号：57 - 1 - 221。
③ 《石家庄市岗、黄水库水源地水环境污染状况调查及污染防治对策》，1985 年 3 月 16 日，石家庄市环境保护局档案，石家庄市档案馆藏，档案号：57 - 1 - 221。
④ 《石家庄市岗、黄水库水源地水环境污染状况调查及污染防治对策》，1985 年 3 月 16 日，石家庄市环境保护局档案，石家庄市档案馆藏，档案号：57 - 1 - 221。
⑤ 《石家庄市岗、黄水库水源地水环境污染状况调查及污染防治对策》，1985 年 3 月 16 日，石家庄市环境保护局档案，石家庄市档案馆藏，档案号：57 - 1 - 221。

标准，污染比较严重"[①]。

这些污染源的存在，造成了对岗、黄水库极大的生态威胁。根据石家庄市环保监测站监测结果分析，岗、黄水库已出现"富营养化"[②] 状况，造成这一状况的原因主要是"面源污染源"[③]。

此外，农业生产中的化肥使用也是造成水库水质改变的因素之一。两县的化肥每亩施肥量水平较高，但粮食亩产却普遍不高。这其中原委主要是在于化肥及农药利用率较低。这样，未被利用的化肥和农药除了一部分经过挥发、淋溶及硝化作用损失掉，另外一部分则主要通过水土流失途径进入到水体，最后造成水库的富营养化。

根据调查，"平山县在1991年全年施用化肥55270吨，其中磷肥17155吨，占31.04%，氮肥36859吨，占66.69%，其余为钾肥和复合肥。井陉县年用化肥36433吨，其中磷肥12902吨，占35.4%，氮肥22829吨，占62.66%，其余为钾肥和复合肥。平山县和井陉县全年使用农药量分别为6万公斤和5.65万公斤，平均每亩用量为0.13公斤和0.15公斤"[④]。

每年的生产污水和生活污水也给水库带来了大量的有机物质，除此之外，还有水库的网箱养鱼和旅游活动也是造成水库富营养化的原因。

（三）"水"生态变迁与区域间不协调现象的出现

水具有流动性，水体污染会使得不同行政隶属关系的区域之间出现矛盾与冲突。这种现象反映出水环境的自然性与行政管辖之间的矛盾与冲突。面

---

① 《石家庄市岗、黄水库水源地水环境污染状况调查及污染防治对策》，1985年3月16日，石家庄市环境保护局档案，石家庄市档案馆藏，档案号：57-1-221。

② 水体富营养化又称作水华，是指湖泊、河流、水库等水体中氮磷等植物营养物质含量过多所引起的水质污染现象。由于水体中氮磷营养物质的富集，引起藻类及其他浮游生物的迅速繁殖，使水体溶解氧含量下降，造成藻类、浮游生物、植物、水生物和鱼类衰亡甚至绝迹的污染现象。

③ 水环境污染问题通常可分为点源污染和非点源污染，点源污染主要包括工业废水和城市生活污水污染，通常有固定的排污口集中排放，非点源污染正是相对点源污染而言，是指溶解的和固体的污染物从非特定的地点，在降水（或融雪）冲刷作用下，通过径流过程而汇入受纳水体（包括河流、湖泊、水库和海湾等）并引起水体的富营养化或其他形式的污染。美国清洁水法修正案（1997）对非点源污染的定义为：污染物以广域的、分散的、微量的形式进入地表及地下水体。这里的微量是指污染物浓度通常较点源污染低，但NPS污染的总负荷却是非常巨大。

④ 《石家庄市岗、黄水库水源地水环境污染状况调查及污染防治对策》，1985年3月16日，石家庄市环境保护局档案，石家庄市档案馆藏，档案号：57-1-221。

对束鹿县工业污水污染的状况，下游衡水地区连续几年拦河挡坝，不让污水排入，衡水相关村庄派民兵巡逻护坝。河北省有关方面调停解决，责令企业停产整顿，矛盾才暂时缓和下来。束鹿县"从 20 世纪 70 年代起，县化工厂、磷肥厂、造纸厂、皮毛厂将未经处理的大量污水排入深县，造成多起污染事故，1977 年 3 月，污染孤城、耿家庄两个大队土地 700 多亩，猪圈 30 个、机井和砖井各一眼，损失 5 万多元，1978 年 10 月，污染琅窝大队土地 600 余亩，损失约 5 万元"[①]。井陉县的企业长期污染已经严重影响到沿河群众的饮水和灌溉。"1978 年，该县有 22 个大队曾先后到县、地区、省、中央告状，中央派工作组了解情况，并责成河北省妥善解决"[②]。栾城县个别企业污染严重，当地群众因担心三废污染问题，发生过断路事件。"1978 年 8 月 18 日，获鹿高田大队和栾城娄底磷肥厂之间出现了打架斗殴事件"[③]。

1977 年 3 月 27 日，衡水地区水利局以急电形式向上级部门反映："目前正值抗旱用水紧急关头，束鹿县污水不断排入我区，2 月 20 日，污水漫溢，流入滏阳河 10 万方，并淹没沿途路口公社土地 550 亩，仅仅几天，污水又暴涨，淹地 600 亩，部分群众房屋受到威胁，如果不抓紧解决，滏阳河两千万方蓄水势必会受到污染、废弃，使沿河 20 多万亩小麦大大减产，并使计划今年建成"大寨县"的衡水县受到影响，我们建议 1. 束鹿县排污工厂应立即停产。2. 排出污水，应就地处理。如果污水问题解决不了，深县会在县界挡坝，很难劝阻，请省抓紧解决。"[④]

污水灌溉本为一项"变废为宝"的技术处理措施，但是由于管理和技术相对缺少，出现了对水生态环境的破坏现象。根据栾城县水利部门的统计报告，"经过 1978 年 5 月至 1979 年 10 月，对全县农业自然资源的考察和对东明渠污染现状的调查，由于无渗透措施的总退水渠污水的下渗和沿渠历年均用

---

① 《深县志》，北京：中国对外翻译出版公司，1999 年，第 281 页。
② 《关于贯彻执行中央批转环境保护工作的汇报安排》，1979 年 11 月 19 日，石家庄市环境保护办公室档案，石家庄市档案馆藏，档案号：65 - 1 - 4。
③ 《关于贯彻执行中央批转环境保护工作的汇报安排》，1979 年 11 月 19 日，石家庄市环境保护办公室档案，石家庄市档案馆藏，档案号：65 - 1 - 4。
④ 《衡水地区水利局急电》，1977 年 3 月 27 日，石家庄市环境保护办公室档案，石家庄市档案馆藏，档案号：65 - 1 - 1。

污染灌溉农田，致使砷、铬等有害物质在土壤和作物籽实中均有明显积累，局部地区已经出现了轻度污染。据对污灌区耕作层土壤 38 个点位的取样分析，砷、铬的残余量平均值均比清灌区高 10%—15%，局部已经接近中度污染。对 21 个玉米籽样品的分析，其砷和铬的含量均为清灌区的两倍。东明渠污水对沿途地下水已造成了严重污染"①。

从具体污染指数来看，被污染地区的各项生化指标均出现了超标现象。"沿着方村、娄底等七个公社的四十多个大队地下水恶臭、变色、起泡，酚、氰、砷和铬、总盐量、大肠杆菌等含量均已经超过国家饮用水标准，浅层地下水污染范围已经波及到了 11 个公社 120 平方公里，并继续扩大。1990 年因沿渠水井已经不能饮用，石家庄市政府资助 150 万元用于另打深井"②。

衡水地区冀县千顷洼水库受污染事件。1979 年 2 月 10 日，衡水地区冀县（今为冀州市，下同）革命委员会向河北省革委和河北省革委环境保护办公室反映冀县千顷洼水库受污染的情况。"自去年十一月初，来自石家庄市的工业污水突然涌入千顷洼，日流量为五个秒立米左右。截至目前，入库污水已达到了二千万方以上，广大群众目睹了这一恶水惨案，不仅对能否灌溉表示担忧，而且对鱼虾死亡深感痛心，特别是洼内以打渔为业的群众更为恼火和伤心，他们讲：'修了水库占了地，蓄了水，又毒死鱼，诚心是不让俺老百姓过了'③"。

石家庄市革命委员会环境保护办公室对这次污染事件的污染源和污染途径做了调查。在《关于工业废水严重污染衡水千顷洼水库的紧急报告》中他们提到："从 1978 年 11 月 3 日发现，有一股污水昼夜向库内涌入，水量每秒钟约五个多立方米，不久即将库内原存的八千多万立方米清洁的水严重污染。水库由清亮颜色变为棕黑色，水中有大量悬浮物，水体浑浊，水面有大块黑色漂浮物，经采水样化验，库水中含盐量为 825.7 毫克/升，氰化物为 0.05 毫

---

① 《石家庄市环境保护志（评审稿）》，1994 年 6 月，石家庄市环境保护局档案，石家庄市档案馆藏，档案号：57 - 9 - 203 - 1。

② 《石家庄市环境保护志（评审稿）》，1994 年 6 月，石家庄市环境保护局档案，石家庄市档案馆藏，档案号：57 - 9 - 203 - 1。

③ 《石家庄市环境保护志（评审稿）》，1994 年 6 月，石家庄市环境保护局档案，石家庄市档案馆藏，档案号：57 - 9 - 203。

克/升，硫化物为0.2毫克/升，酚为0.05毫克/升，酸碱度为5.2，化学耗氧量为37.22"①。

对照国家规定的标准，色度、气味、酚、氰、硫化物均超过地面水和渔业用水标准，酚超过标准五倍，水质已经很恶劣。因此，造成了库内鱼类大量死亡。

水体污染也造成了群众生活秩序的混乱。"用水发生了很大的困难，群众不得不到几十里之外去运水吃。甚至，生产队的牲口只能暂时融化雪水喝，对此，群众意见非常大"②。

从污染途径来看，石家庄市的城市污水，从市区下水管道分别流入东明渠和西明渠，至东南郊区塔冢村东处再流入总退水渠，然后经由栾城县境内进入到洨河和顺河，经由赵县和宁晋县，最后到达与石家庄地区接壤的邢台新河县的艾辛庄，至此污水与洨河、滏阳河的水全部汇流到滏阳新河。由于当时滏阳河水闸没有开启，这样少量水能够从闸的空隙间流过。这样就导致了大量水进入到滏阳新河中，最后致使污水从邢台市新河县北陈海穿堤洞闸口进入到滏东排河，最后汇入到千顷洼水库。

从污染源来看，石家庄市的污水工业废水量大，而且含有毒物质多。经过调查得知，"石家庄市有527个工厂，这些工厂每天排放工业废水三十四万吨，石家庄市有污染严重的工厂共计36个，每天排出的工业废水二十万零七千八百多吨，占全市工业废水排放量的60.6%。全市30多个污染严重的工厂中，有27个往市内管道排放废水，排放水量计有十万零九百多吨"③。

综上所述，正是由于水资源在人类社会发展中的不可替代性，使得其存在和发展状态会引起"多米诺骨牌效应"，而且这种效应的后果和影响程度足可以改变区域社会的发展轨迹。

---

① 《石家庄市环境保护志》，北京：中国画报出版社，1995年，第120页。
② 《石家庄市环境保护志》，北京：中国画报出版社，1995年，第120页。
③ 《石家庄市环境保护志》，北京：中国画报出版社，1995年，第121页。

（四）"水"生态变迁与国际形象塑造

石家庄市污水流经赵县赵州桥景区，严重影响大石桥的观瞻，使之大煞风景，从而造成了比较恶劣的社会影响。"对此，中央、省地领导曾多次提出批评，国内外游客也为此十分痛惜，提出了尖锐的批评和诚恳的意见"[①]。

1978 年 10 月，联邦德国一访华团到赵州桥参观，看后提出建议："没想到跑四十多公里看了一场污水"[②]，该团团长提出："你们一定要消除公害，不然下次就没人来了"[③]。1979 年 6 月，日本一摄影访华团到赵州桥参观，本想拍照，因为水黑没有倒影，只好作罢，该团团长深为惋惜："这么好的建筑受到污染，在日本是不行的"[④]，并建议让排放污水的单位赔偿损失。"外宾参观时，掩鼻而过，人家不是高兴而来，欢喜而去，而是高兴而来，扫兴而归"[⑤]。

（五）"水"生态变迁与农业生产环境改变

工业废水对农业生产、地下水环境会产生巨大影响。以辛集县为例，辛集县城的工厂，每天排出的废水达两万多立方米，其中，辛集化工厂、皮毛制革厂、纺织厂和造纸厂等四个单位的排放废水最多，占总排放量的一半。这四个工厂的废水不仅排量大，而且废水中的砷、铬、酚、汞和硫化物五种有害物的含量偏高，是危害的主要来源。由于污水多年来得不到及时处理，使该县沿途两侧民众身体健康受到严重毒害，给当地农业生产造成了严重的损失。同时，污水经由该县南下滏阳河，客观上造成了"以邻为壑"的后果，激化了区域社会各群体、各行政区域间的矛盾，"阻截污水的纠纷年年不断"。

---

① 《冀建波在全区环境保护工作会议上的讲话》，1980 年 1 月 12 日，石家庄市环境保护办公室档案，石家庄市档案馆藏，档案号：65 - 1 - 6。

② 《冀建波在全区环境保护工作会议上的讲话》，1980 年 1 月 12 日，石家庄市环境保护办公室档案，石家庄市档案馆藏，档案号：65 - 1 - 6。

③ 《冀建波在全区环境保护工作会议上的讲话》，1980 年 1 月 12 日，石家庄市环境保护办公室档案，石家庄市档案馆藏，档案号：65 - 1 - 6。

④ 《冀建波在全区环境保护工作会议上的讲话》，1980 年 1 月 12 日，石家庄市环境保护办公室档案，石家庄市档案馆藏，档案号：65 - 1 - 6。

⑤ 《冀建波在全区环境保护工作会议上的讲话》，1980 年 1 月 12 日，石家庄市环境保护办公室档案，石家庄市档案馆藏，档案号：65 - 1 - 6。

耕地被碱化，农作物受危害，甚至造成"洪灾"。该县废水排沟两岸两百米内的土地出现盐碱，导致作物生长受到很大影响，特别是两岸树木受害更严重。"据统计先后有 10 万多棵树木因害枯死。该县城关佃士营大队就有五千棵将成材的树木被碱死，同时由于废水危害日趋严重，下游年年筑坝阻水，常常造成下游阻水上游淹地的问题，自 1976 年以来，由于这种原因，该县有400 亩小麦、500 多亩大秋作物被污水淹毁"①。

地下水被污染，造成机井报废。随着污水旷日持久的四下渗透，排渠两侧的井水不同程度的变质。"该县排污沟两侧有一百多眼机井水变质，不能再浇地，水利设施遭到了严重的破坏，仅此一项损失就达到了 40 多万元"②。

由于不恰当的生产和生活方式的影响，河流污染的现象已经成为普遍现象。河流是有生命和文化的，无论是大江大河，还是区域性河流，都富有生命色彩。因此，我们从河流文化与文明的高度来看待河流与人类的关系，改变人类生产和生活方式，减少对河流等自然界的污染和破坏。水生态环境的破坏从某种程度上可以看作是对文明的一种践踏和污染。

---

① 《束鹿县革命委员会关于工业废水危害情况的报告》，1978 年 5 月 3 日，石家庄市环境保护办公室档案，石家庄市档案馆藏，档案号：65-1-4。
② 《束鹿县革命委员会关于工业废水危害情况的报告》，1978 年 5 月 3 日，石家庄市环境保护办公室档案，石家庄市档案馆藏，档案号：65-1-4。

第三章　作用与副作用的博弈：水利工程兴建与流域水生态环境变迁

受人类抵抗自然侵袭的能力与水平所限，为最大限度减轻水对人类的侵害以及更好地开发和利用水资源，人们采取各种各样的工程措施来协调人与水的关系。随着社会的进步发展以及自然条件的改变，这种"水利"手术所带来的"副作用"，以各种方式呈现出来。通过考察滹沱河流域水利工程兴建的历史进程，一方面可以看到水利工程建设给区域社会生产发展所带来的正面推动力；另一方面，从生态环境变迁方面，也可以看出水利工程的兴建与区域生态环境变迁的关系。

一、传统社会水治理的自然驱动因素——基于"水"自然属性的考察

新中国成立以来，滹沱河流域水、旱灾害以及盐碱灾害接连不断，这给当地人民群众的生活与社会生产带来了严重的影响。1963 年海河流域发生特大洪水，毛泽东提出"一定要根治海河"。随之，滹沱河流域开展了大规模改造自然、兴修水利的水利治理工程。

（一）水患肆虐，危害一方

历史上的滹沱河流域水患不断，为害一方。在滹沱河北段，洪水往往北犯潴龙河，南侵滏阳河，致使广大平原变为滹沱河泛区。"西汉以来，有记载的洪涝灾害达到了 283 个年份，其中淹及三县以上的较大水灾有 49 次，特大

水灾 8 次（即 1668 年、1794 年、1853 年、1872 年、1883 年、1917 年、1939 年和 1963 年）。连续两年有水灾的有 39 次，连续三年的有 16 次，连续四年的 7 次，连续五年 8 次，连续七年的 1 次"①。

新中国以后，滹沱河流域水患灾害接连不断。从 1949 年至 1963 年，滹沱河流域连续受到水患困扰，尤其是 1963 年 8 月的海河流域特大洪水。这次洪水给滹沱河流域带来了严重灾难，以石家庄地区为例，"石家庄市内进水，工商企业损失 1008 万元，全地区有 776 个村庄被水围，669 个村庄进水，倒塌房屋 173.33 万间，死伤 864 人，淹地 818 亩，水利、交通、农电设施遭受严重破坏，造成经济损失在 4.5 亿以上"②。

（二）旱灾不断，生产困难

滹沱河流域处于太行山前洪积扇地带，底部为砂砾石，其上部则为泥沙堆积层，土壤透水性较强，并且非常容易蒸发渗透。这种自然特性导致滹沱河流域旱灾出现的频率较高。

古代石家庄区域的旱灾发生频率较高。"西汉至今，本区域有记载的旱灾 261 年次，涉及 3 县以上的较大干旱 52 次，其中明代至建国前 31 次。连年干旱也不断出现，连旱两年的 18 次，连旱三年的 14 次，连旱四年的 4 次，连旱五年的 1 次，连旱六年的 1 次，连旱七年的 2 次，连旱八年的 1 次，连旱十一年的 1 次"③。

新中国成立以后，滹沱河流域石家庄区域旱情也处于不间断的状态中，其中 1960 年和 1987 年旱情较严重。

1960 年："据气象记载是 70 年来最旱的一年，1—6 月降水量仅为 52.53 毫米，入夏以后，又风多日暴，持续两百多天未落透雨，5 月初，干土层深 5—6 寸，近百万亩麦田受灾，510 多万亩春白地未播上种，近百万亩棉花缺苗断垄。"④

---

① 《石家庄地区水利志》，石家庄：河北人民出版社，2000 年，第 173 页。
② 《石家庄地区水利志》，石家庄：河北人民出版社，2000 年，第 180 页。
③ 《石家庄地区水利志》，石家庄：河北人民出版社，2000 年，第 182 页。
④ 《石家庄地区水利志》，石家庄：河北人民出版社，2000 年，第 184 页。

1987 年："9 月底大中型水库只蓄水 2.98 亿立方米，均在死水位以下，小型水库、塘坝干涸的 615 座……地下水位平均埋深为 16.36 米，比上年同期下降 1.66 米，机井出满管水的只占到 32.34%。干涸报废的占 9.96%，造成了浇地成本的增加，轮灌期延长，受旱面积达 365 万亩，成灾 204 万亩。"①

（三）盐碱灾害，种植不易

旱涝灾害导致土地盐碱灾害的出现。由于土壤母质所含易溶性盐类随水升降，造成了土地盐碱现象。盐碱之害轻者造成不易拿苗，重者则会撂荒弃耕，寸草不生。农民有俗语称："盐地碱地，种植不易，耕种几遍，苗儿不见，旱不收，涝不收，风调雨顺半个秋。"②

历史上的滹沱河流域盐碱之害曾经非常严重，经过历代治理，得到了一定程度的改善，暂时缓解了其生态破坏程度。新中国成立以后，滹沱河流域盐碱灾害再次成为农业生产中的"毒害"，极大影响到农业生产和农民生活的改善。当地农民不得不改变浇地作业方式，采取平渠停灌。"尤其是以束鹿县和晋县、藁城等石津灌区范围次生盐碱比较严重，据调查，三县 1958 年有碱地 6.3 万亩，发展灌区后，1962 年碱地扩大到 12.7 万亩，1963 年大水后，碱地增加到了 17 万亩，1964 年又是风水年，碱地猛增加到了 43.1 万亩"③。

当然，其中也有人为因素影响，进一步增加了盐碱灾害的严重程度。"1958 年因土地划方不当，打乱了原有的排水系统，盐碱地扩展到 23.7 万亩，1961 年发展到 34.9 万亩，沿京广铁路以东各县均有分布"④。

面对盐碱灾害所导致的生态破坏，石家庄市水利部门提出以除涝治碱为重点，实行"上蓄、中枢、下排"的治理方针，并取得一定成效。"到了1987 年全区轻度盐碱地缩小到了 11.25 万亩，主要分布在束鹿县、晋县、无

---

① 《石家庄地区水利志》，石家庄：河北人民出版社，2000 年，第 186 页。
② 《石家庄地区水利志》，石家庄：河北人民出版社，2000 年，第 187 页。
③ 《石家庄地区水利志》，石家庄：河北人民出版社，2000 年，第 187 页。
④ 《石家庄地区水利志》，石家庄：河北人民出版社，2000 年，第 188 页。

极和赵县局部低洼地区"①。

山西省忻州市滹沱河灌区的盐碱灾害对于当地生产也造成了极大的破坏性影响。后期的治理措施较得力，取得了较为显著的治理效果。该灌区的盐渍化主要分为五种类型：

一是湿碱，也称为下湿地，以潮湿为主要特征。盐分主要是以碳酸盐和硫酸盐为主，其分布区主要在滹沱河沿岸和河间洼地。

二是白碱，地面呈现为白色，表面上有疏松体。盐分主要是以硫酸钠（皮硝）为主，并且含有氯化钠，其分布区主要在盆地中间。

三是黑碱，也可称之为黑油碱，地面呈现为棕黑色，以潮湿为特征表现，干时容易形成坚而脆的盐结皮。盐分主要是以氯化物（氯化钠、氯化钙、氯化镁）为主，其分布区主要在滹沱河沿岸。

四是墓枯碱，也称为黄碱，地表出现有黄色霜。盐分包括硫酸盐、氯化物、碳酸钠（苏打）与碳酸氢钠，分布区主要是在云南灌区的牧马河沿岸。

五是瓦碱，也称干碱，地表颜色为灰白色、无霜。土壤表层积盐不多，呈碱性反应，属碱化土，主要分布于云北灌区辛庄、解村、高家庄等地。

由此可见，滹沱河流域水、旱、盐碱灾害严重影响了人民群众的生产与生活，尤其在经济比较落后的时代，人们追求能"吃饱饭"的不发达时期，面对自然界挑战，如何能够使得一方百姓安居乐业，实施水利治理是不二选择，这是历朝历代水利治理共同的直接驱动因素。

二、传统社会水治思想下的水环境之"变"——基于工程式的解决路径

在人类生产力尚不发达的情况下，面对水患频发的状态，解决之道主要是以人类主导下的工程式方案，即以各类水利工程改变水的自然存在状态，试图实现趋利避害，"为我所用"。

新中国成立以后，滹沱河流域实施过各类大大小小的水利治理工程。其中，石家庄地区提出了"以树治河，以坝裁弯，缩窄河道，向河滩要地，变

---

① 《石家庄地区水利志》，石家庄：河北人民出版社，2000 年，第 188 页。

沙荒为粮田和果园"① 的治理理念，流域内进行了各类水利治理工程建设。截至 1985 年，"流域内修建大中型水库 66 座，总蓄水量近 29 亿立方米，兴建万亩灌渠 13 处，灌溉面积 192 万亩，筑堤防 242.63 公里，修护村岸坝 380 道，建桥、闸、涵 62 座，修建水力发电站 85 座，总装机 7.85 万瓦"②

（一）河道工程

河道工程主要包括修筑堤防、埽坝工程、开挖引河等水利措施。

以石家庄地区为例：

堤防修筑。在修建堤防工程中，不仅系统总结前人经验，而且采取了工程措施与生物措施相结合，即在修建各种堤防的同时，辅以植树造林，兴建防风林、固沙林、雁翅林、防浪林及防汛用木林等。

主要工程段包括北堤、南堤、新南堤、北大堤等。其中，北堤自灵寿县安定村起，经过正定县、藁城县，至无极县牛辛庄；南堤自正定县塔子口起经藁城，至晋县龙泉固；新南堤自深泽县西三庄起，至武强县庞町；北大堤自无极县安城村起，至深泽县枣营。

埽坝工程。在传统埽坝技术基础上，新中国成立以后的埽坝工程又有了新的举措，"1955 年开始在正定县西里宅修筑土石坝两道，分别长 950 米和 550 米，先修建沙坝，整形后进行 0.5 至 1 米厚的黏土包胶，坝头底部铺荆排抛石护砌。经过了 1956 年洪水的考验，大坝安然无恙"③。尤其是把生物工程和水利工程相结合是一大创新。两坝前后淤地数千亩，为治河裁弯护岸固滩起到了预定的效果，成为治河护岸的主要工程措施。以后又在坝头做铅丝笼装石护砌，坝坡坝脚植树造林，以生物措施和工程措施相互配合，收到了良好的效果。

开挖引河。1957 年，无极县在龙泉固挖引河 1 处。1970 年，无极县庄里公社挖引河 1 处。1973 年 3 月，结合清障，塔元庄引河开挖。深泽县完成乘马引河开挖。

---

①　《石家庄地区水利志》，石家庄：河北人民出版社，2000 年，第 221 页。

②　《石家庄地区水利志》，石家庄：河北人民出版社，2000 年，第 136 页。

③　《石家庄地区水利志》，石家庄：河北人民出版社，2000 年，第 227 页。

1970年11月15日，石家庄地区根治海河指挥部治理滹沱河上段，将灵寿东合村至同下河道、正定胡村至平安屯河道、正定县太平庄村南至塔子口段河道裁弯，并挖出引河若干公里。

1971年3月，原忻县地区成立滹沱河治理总指挥部。10月，忻县、定襄县、五台县分别成立了治理滹沱河领导机构，组织实施滹沱河河道治理工程，重点治理了南北老牛沟。1974年3月，统一组织滹沱河沿岸有关县，采取工程和生物措施相结合，筑坝和植物相结合，对滹沱河进行综合治理工程。滹沱河沿岸防洪工程的抗洪功能得到有效加强。

表3-1　滹沱河山西段治理工程防护效益表[①]

县（市区）	保护村庄（个）	保护人口（万人）	保护耕地（万亩）	开发滩涂（万亩）
合计	122	22.43	54.5	21.6
忻府区	17	3.5	11.0	4.0
定襄县	20	3.0	13.0	5.0
五台县	3	1.53	1.3	0.4
原平市	20	4.0	15.0	9.0
代县	55	5.4	11.7	3.2
繁峙县	7	3.0	2.5	—

（二）引水工程

滹沱河流域是建设水利灌溉工程较早地区。"定襄县滹沱河北岸，在宋金时代邱村人尔朱氏倡议开滹水渠。40年后，同时代定襄县知事李候，聚众延伸此渠，相继开通渠道30余公里，引水灌田万余亩"[②]。

石津灌区位于滹沱河流域石家庄段，其水源为滹沱河水，水源工程为黄壁庄水库和岗南水库，灌溉范围涉及石家庄、衡水和邢台三个区域。石津灌区是利用抗战时期日本未完成的石津运河而建，"灌溉面积1959年达到196

---

① 《忻州水利志》，太原：山西人民出版社，2015年，第103页。

② 《忻州水利志》，太原：山西人民出版社，2015年，第3页。

万亩，1960 年曾达到 383 万亩"[1]。

忻州市滹沱河灌区和石家庄市石津灌区是规模较大的灌区。其中，忻州市滹沱河灌区是新中国成立后山西省兴建的第一座大型灌区，也是山西省六大自流灌区之一。该灌区位于忻定盆地，属于平原灌区。"灌区分为云北、云南、广济三个中型灌区，控制灌溉面积 40 万亩，有效灌溉面积 32.04 万亩"[2]。其中云北、云南灌区以南云中河为界，共用一条干渠，即建于 20 世纪 50 年代初的"忻定大渠"；广济灌区历史较悠久，至今有 800 多年历史。

（三）蓄水工程

以水库工程为例，修建水库是新中国成立后滹沱河流域水利治理的重要举措，尤其是在洪水肆虐的时代背景下，其可行性更具现实意义，不仅可以减轻水患对人类的侵袭，更可以"变害为利"，为人类社会提供更多的动力源。"从 1957 年到 1987 年，石家庄地区共建成大型水库 4 座，中型水库 7 座，小（一）型水库 28 座，小（二）型水库 144 座，合计 183 座，总库容量为 35.3 亿立方米，设计灌溉面积 289.55 万亩，有效灌溉面积 304.23 万亩，另有塘坝 995 座，总容量 1610 万立方米，灌溉面积 1.45 万亩"[3]。其中岗南水库和黄壁庄水库均在滹沱河流域河北段内。

山西省忻州市水库修建的时间与河北省几乎同步，从 1958 年起开始兴建水库，截至 1986 年底，"全区共建成中小型水库 136 座，总库容为 2.6 亿立方米。由于泥沙淤积和水源变化等原因，后逐渐报废和降等水库 88 座"[4]。

（四）盐碱治理工程

从治理措施来看，以山西省忻州地区为例，新中国成立以前的盐碱治理措施是采取群众自发性的刮土熬盐、种植耐碱作物等。新中国成立后，根据

---

① 《石家庄地区水利志》，石家庄：河北人民出版社，2000 年，第 319 页。
② 《忻州水利志》，太原：山西人民出版社，2015 年，第 55 页。
③ 《石家庄地区水利志》，石家庄：河北人民出版社，2000 年，第 252 页。
④ 《忻州水利志》，太原：山西人民出版社，2015 年，第 27 页。

"以防为主，防治并重，以水为纲，综合治理"的方针，采取的主要措施有：一是排水改良。1952 年以来，开挖总排和干支排，配套建筑物。"这些工程可控制排水面积 32.95 万亩，达到了五年一遇的防洪标准。总干排和部分支排，可以排除地下水和降低部分地下水位 0.5—1 米"①。20 世纪 60 年代根据灌区盐碱化发展趋势，提出"以排为主，灌排并重"的原则，加强排水改碱，逐渐清淤养护，效果显著。二是采取防渗灌溉渠道，减少地下渗漏，降低地下水位。三是改革用水制度。1953 年实行排种排浇，减少渠水绕道、降低渗漏水量，划畦平田、改革大水漫灌等措施。1955 年实行"三定"制度，即定时间、定水量、定面积，计划用水，节约归己，超额不补，有效激发了群众节约用水的积极性。1962 年开始实行以水计收水费，促进节约用水的措施。1983 年以后，通过大幅度调整水价，大力平田整地，划小畦堰，注重经济效益，控制水量。四是井灌井排。在实现井渠结合和联合调度后，既增加了灌溉水源，又有效控制了地下水位，从而起到了垂直排水的作用。20 世纪 70 年代初期连续干旱，政府组织大面积开发地下水。灌区的水井大多分布在盐碱区，井灌井排后改碱增产效果非常显著。"1974 年降雨 250 毫米，春季无雨，云北灌区城村开动水井 13 眼，连续提水 83 天，提取地下水 96 万立方米，地下水位下降，亩产由过去的 150 公斤提高到 350 公斤"②。

此外，还采取过深耕、增施有机肥、种植耐碱作物、早播、挖池养鱼、种植水稻等农业综合措施。

从最后的治理效益来看，基本上达到了预期目的，较大程度上缓解了盐碱所带来的各种负面影响。从 1950 年到 1985 年的综合效益来看，"1984 年实有盐碱地 15.36 万亩，2003 年实有盐碱地 8.32 万亩……共增产粮食 41610 万公斤，增产值 14328 万元，除去农业等措施，排水改碱的水因增产系数按 0.5 计算，排涝改碱效益为 7164 万元"③。

---

① 马月林：《滹沱河灌区水利志》，太原：山西人民出版社，2006 年，第 22 页。
② 马月林：《滹沱河灌区水利志》，太原：山西人民出版社，2006 年，第 23 页。
③ 马月林：《滹沱河灌区水利志》，太原：山西人民出版社，2006 年，第 23 页。

表 3-2　冲洗后全盐成分（阴离子含量）分析化验结果表（％）①

分区	取土深（cm）	氯根	硫酸根	碳酸根	重碳酸根
无苗区	0-80	0.0081	0.0747	0.03359	0.03592
有苗区	0-80	0.00503	0.0451	0.01035	0.04147

表 3-3　山西忻州滹沱河灌区盐碱地面积调查表②

（单位：亩）

年度	云北灌区	云南灌区	广济灌区	合计
1950	10496	—	13708	24204
1951	1666	—	14207	30873
1952	31424	—	15253	46677
1953	34950	3050	16177	54177
1954	38622	14427	13042	71091
1955	38622	40427	18042	97091
1957	53076	30500	14190	97766
1958	63600	19190	51500	134290
1961	82210	41335	18595	142140
1962	78500	36200	65600	180300
1963	72461	37912	18119	128492
1970	58700	32700	59000	150400
1979	45500	65900	31100	142500
1982	44960	53600	31100	129660
1983	51380	53600	44901	149881
1984	54100	54620	44901	153621

三、初见红利：滹沱河流域水环境驱动下的社会发展

经过几十年水利工程建设，水利工程效益逐渐显现出来。兴建水库基本

---

① 马月林：《滹沱河灌区水利志》，太原：山西人民出版社，2006 年，第 22 页。
② 马月林：《滹沱河灌区水利志》，太原：山西人民出版社，2006 年，第 21 页。

实现了预期目的，改善了当地生产和生活条件，实现了"水为我所用"的目的。其中，石家庄地区岗南水库、黄壁庄水库作为滹沱河流域的两座大型水库，发挥了重要的经济与社会效益，凸显了治水的积极效果，进一步改变了滹沱河流域的生产和生活条件。这两座大型水库"不仅锁住了山洪，保护了冀中平原上 30 多个县市的生产和生活安全，而且使 300 多万农田备受灌溉之利，还为水产养殖和发电创造了条件"①。

（一）从防洪效益来看，洪水肆虐情形得到有效改善

从主要防洪功能来看，效益显现。平山县岗南水库位于滹沱河中游河北省平山县境内岗南村西，是治理滹沱河、调节洪水、开发利用水利资源的大型水利枢纽工程。1959 年 7 月 15 日，首次拦洪，8 月初连降大雨，"8 月 6 号遇 2250 立方米/秒的入库洪峰，下泄量 400 立方米/秒，削减洪峰 82%"②。

1963 年 8 月初，海河流域发生特大洪水，岗南水库发挥了重要的防洪功能。"8 月 7 号岗南水库入库最大洪峰 4390 立方米/秒，由于岗南水库闭闸，黄壁庄入库洪峰减至 1400 立方米/秒，削减洪峰 75.8%"③。1988 年来水超过五年一遇，由于平稳安全地泄洪，变洪害为水利，沿河地下水资源获得了补充。

黄壁庄水库也充分凸显了其防洪功能。"黄壁庄水库下游影响 4 区 4 市 23 个县，610 万人口，1240 万亩耕地，当发生千年一遇洪水时，水库可将洪峰流量由 33900 立方米/秒削减至 22400 立方米/秒，削减洪峰 40%"④，这对于缓和下游水情，减少灾害发挥了作用。但是由于当时工程规模所限，后期加大的泄洪量远远大于下游河道的承受力，由此导致滹沱河南北堤决口和献县以上出现淹地情况，灾情仍然很严重。

从黄壁庄水库建库前后滹沱河洪水灾情调查比较来看（见表 3-4），建

---

① 《石家庄地区水利志》，石家庄：河北人民出版社，2000 年，第 252 页。
② 《石家庄地区水利志》，石家庄：河北人民出版社，2000 年，第 256 页。
③ 《石家庄地区水利志》，石家庄：河北人民出版社，2000 年，第 256 页。
④ 《石家庄地区水利志》，石家庄：河北人民出版社，2000 年，第 259 页。

库前，下游几乎每年受灾，灾情最大的 1956 年淹地 486.7 万亩，水库扩建前的 1963 年洪水与 1956 年的洪水规模相当，淹地只减少了 73 万亩。1968 年水库扩建后，遇 5 年到 50 年一遇洪水，只淹饶阳县、献县泛区 20 万亩。"如再遇 1956 年型洪水可以较建库前减少淹地 460 万亩，遇到 1963 年洪水（相当 50 年一遇），比扩建前减少淹地 390 万亩，并能解除下游城市、铁路的洪水威胁"[1]。

从建库前中小水年份下游受淹面积和黄壁庄水库洪峰、6 天洪量的关系可以看出，1959 年到 1979 年如果不建库可能受淹面积 809 万亩。而建库后，滹沱河下游同期总减少淹地面积 379 万亩。

表 3 - 4　黄壁庄水库建库前后滹沱河洪水灾情比较表[2]

年份		天然洪峰（立方米/秒）	6 天洪量（亿立方米）	水库泄量（立方米/秒）	下游淹地（万亩）	扩建后下泄量（立方米/秒）	下游可能淹地（万亩）	如不建库可能淹地（万亩）
建库前	1949	2550	5.99	—	25.5	400	0	—
	1950	2450	3.36		58.6	400	0	
	1951	760	0.65	—	0	0	0	
	1952	1330	1.42	—	8.9	182	0	
	1953	1160	3.12		24.1	312	0	
	1954	3700	9.06		275.9	2500	25	
	1955	3820	6.50	—	54.9	400	0	—
	1956	13100	21.36		486.7	3300	25	
	1957	398	0.90		0	0	0	
	1958	1260	1.60	—	12.2	342	0	—
	1959	3040	5.10	776	16.0	400	0	—

① 《石家庄地区水利志》，石家庄：河北人民出版社，2000 年，第 260 页。
② 《石家庄地区水利志》，石家庄：河北人民出版社，2000 年，第 261 页。

年份		天然洪峰（立方米/秒）	6天洪量（亿立方米）	水库泄量（立方米/秒）	下游淹地（万亩）	扩建后下泄量（立方米/秒）	下游可能淹地（万亩）	如不建库可能淹地（万亩）
建库后	1960	980	1.71	108	0	0	0	50
	1961	750	1.34	0	0	0	0	5
	1962	840	1.50	189	0	0	0	5
	1963	12000	25.97	6150	414.2	3300	25.0	5
	1964	1850	3.03	—	—	—	—	487
	1965	550	0.57	—	—	—	—	24
	1966	8250	5.0	—	—	—	—	0
	1967	2080	3.36	—	—	—	—	50
	1968	920	1.42	—	—	—	—	30
	1969	950	1.35	—	—	—	—	5
	1970	1800	2.08	—	—	—	—	5
	1971	750	1.28	—	—	—	—	2
	1972	200	0.18	—	—	—	—	0
	1973	1300	2.29	—	—	—	—	15
	1974	950	1.37	—	—	—	—	4
	1975	2130	3.39	—	—	—	—	30
	1976	1670	2.23	—	—	—	—	15
	1977	2050	3.37	—	—	—	—	27
	1978	1870	3.41	—	—	—	—	25
	1979	1500	1.78	—	—	—	—	10

　　忻州地区滹沱河河道治理工程也取得了明显的防洪效益。"工程实施后适合的防洪标准由不足十年一遇提高到二十年一遇，相应洪峰流量为 560—1260立方米/秒，为繁峙县、代县、原平市、忻府、定襄县、五台 6 县市区 122 个村庄、22.43 万人、54.5 万亩耕地以及 21.6 万亩的滩涂开发提供防洪安全保

障，并使繁峙县城彻底摆脱边山洪水的威胁"①。

1999 年 6 月，滹沱河忻州段治理工程投入运行。多年来河道未发生较大洪水，整个工程运行情况正常。繁峙县城关工程也只经受了两次小洪水的考验。此外，该工程还有其他辅助效益：堤防工程可兼作道路，方便滹沱河沿岸群众的交通；堤防生物工程建成以后，有利于改善当地的生态环境；堤防引水建筑物为两岸耕地的引水灌溉提供条件。

（二）从农业效益来看，引水工程极大改善了农业生产条件

从岗南水库直接引水的有引岗、大川和北跃三个灌区。从黄壁庄水库引水的有石津灌区、灵正灌区和计三灌区。根据《石家庄地区水利志》记载，三个灌区的经济效益非常显著，大大地提升了当地农业生产条件，保障了粮食生产安全。"1960 年到 1984 年，累计灌溉面积 5218.75 万亩。岗黄两库续建工程竣工以后，效益更加显著。1970 年到 1984 年累计灌溉面积 3631.7 万亩，年平均灌溉面积 242.1 万亩，除 1970 年、1971 年、1973 年，其他年份灌溉面积均达到了或超过设计值"②。

以引岗灌区为例，"引岗灌区自 1974 年引水，设计灌溉面积 18.5 万亩，平山、获鹿、元氏三县受益。到 1984 年，总计从岗南水库引水 11.65 亿立方米，累计灌溉面积 89.2 万亩，灌区平均粮食亩产 461 公斤，最高 550 公斤"③。

石津灌区设计灌溉受益面积包括石家庄、衡水、邢台三个地区和石家庄市的一部分。"从 1958 年到 1989 年石津渠共引水 234.76 亿立方米，32 年中，灌溉耕地 1.244 亿亩，年均灌溉面积 178.4 万亩，最高年份有 1978 年灌溉面积 276.8 万亩。灌区内粮食平均亩产从扩建前的 106 公斤增至 1988 年的 420 公斤，总产 5.7 亿公斤。棉花亩产皮棉由 34 公斤增至 55 公斤，总产 0.3 亿公斤"④。

---

① 《忻州水利志》，太原：山西人民出版社，2015 年，第 103 页。

② 《石家庄地区水利志》，石家庄：河北人民出版社，2000 年，第 257 页。

③ 《石家庄地区水利志》，石家庄：河北人民出版社，2000 年，第 256 页。

④ 《石家庄地区水利志》，石家庄：河北人民出版社，2000 年，第 260 页。

灵正灌区控制滹沱河左岸灵寿、正定县的耕地。"1966 年到 1973 年灌溉面积在 10 到 12 万亩，1974 年至 1983 年灌溉面积稳定在 13.2 万亩。1984 年以后，正定县基本上未用渠水，灌溉面积减少 3 万至 3.6 万亩，1988 年为 4 万亩。1966 年至 1980 年年平均引水 0.7 亿立方米；1981 年到 1983 年年平均引水 0.37 亿立方米，1984 年到 1988 年年均引水 0.21 亿立方米。灌区粮食亩产逐渐增长，由 1966 年的年平均亩产 270 公斤增至 1988 年的 685 公斤；棉花平均亩产由 60 年代的 40 公斤增至 80 年代的 53 公斤"[1]。

忻州市滹沱河灌区受益范围涉及当地 3 个县（市区）、14 个乡镇、123 个村和 1 个国营农场，除了主要粮食作物玉米以外，还包括辣椒、甜玉米等经济类作物。"灌溉农业总产值约 8 亿人民币，灌区内人口 20 万人"[2]。

（三）从综合利用上看，发电效益有效提升了水资源潜能的开发

1968 年 2 月，岗南水库水电站开始运行，发电功能的实现要以农业灌溉为前提，因此，一般仅仅安排在农业灌溉季节发电。着力解决电网尖峰负荷时开通一号蓄能机组进行发电。"截至 1985 年累计总发电量 16.13 亿千瓦时，多年平均发电量 6023 万千瓦时，最高年份发电量 14162 万千瓦时（1979 年），最低为 1173 千瓦时（1985 年）"[3]。

从总效益来看，投入产出对比明显，净效益收益较高。以岗南水库为例，"自建库到 1986 年的工程总效益为 50.32 亿元。期间工程总投资（包括群众投劳折资）4.02 亿元，工程运行管理费 0.213 亿元，净效益达到了 46 亿元"[4]，自建库到 1986 年，黄壁庄水库工程效益为 21.25 亿元，其中工程总投资和运行管理费（包括群众投劳折资）为 3.6875 亿元，工程净效益为 17.5635 亿元"[5]。

---

① 《石家庄地区水利志》，石家庄：河北人民出版社，2000 年，第 261 页。
② 《忻州水利志》，太原：山西人民出版社，2015 年，第 57 页。
③ 《石家庄地区水利志》，石家庄：河北人民出版社，2000 年，第 257 页。
④ 《石家庄地区水利志》，石家庄：河北人民出版社，2000 年，第 257 页。
⑤ 《石家庄地区水利志》，石家庄：河北人民出版社，2000 年，第 261 页。

表 3 - 5　岗南水库工程总经济效益表①

（单位：亿元）

防洪效益	灌溉效益	渔业效益	其他效益	小计	工程投资	运行管理费	小计	净效益
2.5855	45.9884	1.629	0.0961	50.3181	4.0193	0.2130	4.2323	46.0858

表 3 - 6　黄壁庄水库工程总经济效益表②

（单位：亿元）

防洪效益	灌溉效益	发电效益	渔业效益	旅游效益	其他效益	小计	工程投资和运行管理费	净效益
5.1415	15.742	0.3160	0.0382	0.0010	0.0124	21.2510	3.6875	17.5635

（四）从生态效益来看，水利工程改善了区域生态条件

以山西省忻州市滹沱河灌区为例，建立灌区前，该区域土地贫瘠，存在各种不利的生态条件。"春天白茫茫，夏天水汪汪，风天沙土扬，下雨尽泥浆。沿河各村都有一个大沙丘，威胁着群众的房院"③。

忻州市滹沱河灌区改善了区域小气候环境，促进了生态的良性循环，"据高成片观测，地面风速降低30%左右，相对湿度提高14%左右，蒸发量减少了28%，增进了人民健康，改善了生存环境"④。同时也极大地改善了当地的农业生产条件。按照灌、排工程规划，实现了渠、路、林、田配套，村村进行了住宅规划，彻底改善了群众的衣、食、住、行条件。

四、双刃剑之：滹沱河流域水环境变迁下的生态与社会之变

水利治理工程在改变水生态环境的同时，也对区域社会结构和秩序产生

① 《石家庄地区水利志》，石家庄：河北人民出版社，2000年，第257页。
② 《石家庄地区水利志》，石家庄：河北人民出版社，2000年，第262页。
③ 马月林：《滹沱河灌区水利志》，太原：山西人民出版社，2006年，第63页。
④ 马月林：《滹沱河灌区水利志》，太原：山西人民出版社，2006年，第63—64页。

一定的影响。筑坝建库注重对水体资源功能的开发与利用，以追求最大经济与水利效益，而在一定程度上忽视了水利工程对环境与生态的长远社会利益。筑坝建库改变了水流与生态的连续性，导致了水生态环境变迁、生存结构与生产结构改变、生活方式改变等一系列生态与社会问题。

（一）水利工程与流域生态环境之变

人类在改造自然的过程中，由于人为地改变水的自然原始状态，导致了一系列连锁反应的出现。

1. 地表水系统之变

从水库修建来看，由于修建水库使得局部地区水量增加，在水的总量不变的情况之下，这势必会导致下游河道的水量改变。在黄壁庄水库和岗南水库建库之前，滹沱河山区河道流量充足，基本保持常年有水的状态。"多年平均年径流量为 18.9 亿 m^3/a，自水库修建并投入运行以来，滹沱河年径流量急剧减少，其中 20 世纪 70 年代初曾有 4 年河道干涸，80 年代除 1988 年泄洪外，其余年份河道无过水，20 世纪 90 年代有 6 年河道干涸"[①]。

根据有关部门的监测数据表明：在上游水库修建以后，其下游河道的过水量明显减少。据调查统计，"在 1981—2010 年的 30 年间，岗南水库水量，仅有 1988 年、1996 年来水量超过岗南水库兴利库容（7.80 亿 m^3），其余 28 年均未达到兴利库容，无弃水下泄；黄壁庄水库水量，仅有 1996 年来水量超过兴利库容（4.64 亿 m^3），其余 29 年均未达到兴利库容，无弃水下泄，导致下游河道常年断流"[②]。这也是滹沱河航运衰落的因素之一。

通过对忻州市滹沱河灌区河道来水量分析，从 20 世纪五六十年代到本世纪初，其来水量也经历了从多到少的转变。"50 年代 5.29 亿立方米，60 年代 3.5 亿立方米，70 年代 2.5 亿立方米，80 年代 1.65 亿立方米，90 年代 1.89 亿立方米，2000 年以后年均 0.94 立方米，且呈总体下降趋势"[③]。从河流健

① 王金哲、张光辉、严明疆：《水坝建设对滹沱河流域平原区地下水系统干扰结果分析》，《南水北调与水利科技》，2009 年第 4 期。
② 崔建军、郑振华、张韬：《河北省太行山区水库下游河道生态恶化特征及成因分析——以滹沱河下游河道为例》，《中国集体经济》，2005 年第 3 期。
③ 《忻州水利志》，太原：山西人民出版社，2015 年，第 58 页。

康的角度，流量代表规模，流动代表活力，河道萎缩或流量的减少是河流"病态"的重要表现之一。"河流是一个完整的连续体，上下游左右岸，构成一个完整的体系，连通性是评判河道空间连续性的依据。高度连通性的河流，对物质和能量的循环流动，以及动物和植物的运动等非常重要"[1]。

2. 地下水系统之变

随着滹沱河上游水库等水利工程的修建，地下水生态环境受到一定影响，地下水生态出现一定变化。相关研究表明，上游的水库工程直接影响到下游地下水埋深的变化。水库修建拦蓄后，"距石家庄 2.5 千米的滹沱河断流，对石家庄地下水的侧向补给丧失，市区可依赖的地表水缺失。市区的工农业用水主要转向地下水，在开采量加大且缺少补给来源的双重压力下，石家庄地下水系统自身调节能力最终破坏，地下水埋深持续下降，在 20 世纪 70 年代出现地下水位降落漏斗"[2]。

除修建水库以外，一些辅助水利工程也是造成下游地下水生态变迁的因素之一。如坝基的防渗透处理，黄壁庄水库曾经在 1998—2003 年实施过除险加固工程，"坝下地下水位由加固前 1998 年 5 月 30 日平均水位埋深 13.95 m（共计 23 个水位监测点），下降至 2003 年 10 月平均水位埋深 21.02 m。而且，截渗工程的实施，造成下游部分村庄水井已干涸，成井深度由 20—30 m，增至 50 m"[3]。

3. 区域小气候之变

由于滹沱河河道断流，河道裸露于空气中，在风速的影响之下，出现了区域沙尘天气，导致区域气候条件恶化。"据气象部门测定，不同地表的沙尘颗粒具有不同的起动风速，土壤颗粒愈粗，起动风速愈大。在某些干旱期，根据形成沙尘暴的动力因素推测，石家庄沙暴的尘源可以来自远方，而沙源则主要来自附近，其中滹沱河'沙龙'是形成石家庄沙尘暴沙源的

---

[1]　侯全亮、李肖强：《河流健康生命》，郑州：黄河水利出版社，2007 年，第 33 页。

[2]　王金哲、张光辉、严明疆：《水坝建设对滹沱河流域平原区地下水系统干扰结果分析》，《南水北调与水利科技》，2009 年第 4 期。

[3]　王金哲、张光辉、严明疆：《水坝建设对滹沱河流域平原区地下水系统干扰结果分析》，《南水北调与水利科技》，2009 年第 4 期。

主要物源"①。

4. 生物多样化之变

由于滹沱河流域水生态环境的改变，造成生物生长环境的改变。许多生态保护林因为缺水问题，出现林木生长状况不佳的情况，这给动植物的生态链系统带来严重影响。"从20世纪80年代中期以来，滹沱河沿岸十几万亩的生态防护林陆续出现大面积枯死现象，到目前只剩下小壁林场唯一一条防护林带。在冬春季节，滹沱河成为市区风沙、粉尘的主要来源"②。

水生态环境改变也影响到了水生动物的生存状态。尤其是随着水量减少，很多水生物已经不适应新的生存状态，出现大量水生物消失的状况，这对于整个水生物生态链的平衡产生了巨大影响。通过对黄壁庄水库鱼类的变化进行研究可以发现，水库修建前后，其鱼类变化非常大。这一现象出现的根本原因在于水生态环境的改变。

历史上黄壁庄水库水体中鱼类繁多。据《河北省志·水产志》记载，1980年以前，黄壁庄水库水体的鱼类主要有：鲢鱼、鳙鱼、鲤鱼、鲫鱼、翘嘴红鲌、中华鳑鲏、麦穗鱼、白鲦、草鱼等，还有鳅科的泥鳅鱼，鲿科的黄颡鱼，鳢科的乌鳢，胡瓜鱼科的池沼公鱼，银鱼科的太湖新银鱼，鳜科的鳜鱼，鮕科的鮕鱼。

"通过纵向的对比发现，鱼类品种变化较大，消失的品种有鲤科的赤眼鳟、红鳍鲌、兴凯刺鳑鲏、棒花鱼、黑鳍鳈、华鳈、点纹颌须鮈、济南颌须鮈、突吻鮈、中间颌须鮈、宽鳍鱲、瓦氏雅罗鱼、银鮈，虾虎鱼科的吻虾虎，塘鳢科黄黝鱼属史氏黄黝鱼，鳅科的大鳞泥鳅。占原有种类的65%，以鲤科鱼类最多"③。当然，造成这一现象的原因还有诸如电鱼、毒鱼、网箱养殖等人为因素。

20世纪60年代以前，无极县境内鱼类繁多，随着河道逐渐干涸，鱼类也逐渐消失。"20世纪60年代以前，滹沱河河道流水不息，有淡水鱼数十种，

① 肖伟强、郎志钦、石宝红：《滹沱河两大梯级水库生态调度研讨》，《中国水利》，2010年第14期。
② 崔建军、郑振华、张韬：《河北省太行山区水库下游河道生态恶化特征及成因分析——以滹沱河下游河道为例》，《中国集体经济》，2005年第3期。
③ 朱会苏：《黄壁庄水库鱼类种类变化初探》，《河北渔业》，2015年第2期。

此外还有鲶鱼、泥鳅、黄鳝及蚌、田螺等……60年代以后，河道干涸，鱼类不复存在"[1]。

在滹沱河流域山西段，水体污染造成大量野生鱼类品种的消失。"2009年滹沱河渔业养殖产量按水面类型计算，池塘、湖泊、水库、河沟各占55.3%、2.3%、40.5%、1.9%。根据调查，在自然河段中很难寻觅野生鱼种。水生生态系统塘坝特征明显，主要表现在一些河段实际上变为污水沟"[2]。

水利工程的实施对流域生态环境产生了多方面的影响，就流域生物种类多样化变迁来讲，除了人类活动或气候变化等自然影响因素以外，由于水库修建等造成的河道水量分配不均的现象应是起到了主要驱动作用。

（二）水环境变迁与流域社会人口迁移

水利工程不仅改变了人类的自然生存条件，同时，社会群体的生存状态和方式同样发生了被动改变，重新适应新的生存方式与空间转换。滹沱河流域水利治理下的水库移民正是其体现。

为组织好库区移民工作，1957年11月28日，石家庄专署组建岗南水库迁建委员会，制定了岗南水库淹没区赔偿方案，并成立工作组，进驻位于岗南水库大坝右岸输水洞开挖工作区的霍宾台木公社木山崖、良何峪村，动员当地村民准备用一个月时间将两村迁至五公里外的大吴乡立坊村，由此拉开平山县水库移民搬迁的帷幕。"1969年底，岗黄水库移民历经十载，平山县搬迁91个行政村，其中20个较大的村被分到2到5个小村，所以县内移民村形成128个，加上到石家庄市郊区、元氏、获鹿、栾城县建村各一个，合计132村。属岗南水库的移民村，在平山县内后靠52个村，远迁26个村，共78个村，属黄壁庄水库的移民村，在平山县境后靠39个村，县内远迁8个村，共47个村；在获鹿县境内后靠14个村（包括划归灵寿县的四个村），远迁15个村（包括由平山县庄头迁至获鹿县的东升村），共29个村；加上远迁到石家庄市郊区和元氏县的两个红旗村，黄壁庄水库共迁出移民村160个"[3]。

---

① 《无极县志》，北京：人民出版社，1993年，第111页。

② 赵鹏宇：《忻州市滹沱河区生态保护研究》，太原：山西人民出版社，2015年，第51页。

③ 《石家庄地区水利志》，石家庄：河北人民出版社，2000年，第453页。

1. 在生活方式和经济状态上，水库移民导致农民"由富变贫"

库区移民的正常生活秩序完全被打乱，经济来源与交通出行也存在诸多困难。移民前后的巨大反差导致库区移民心态上出现极大不平衡。移民生活十大难："行路难，吃水难，上学难，看病难，买东西难，用电难，住房难，吃粮难，生产难，结婚难"[①]。移民村的优质耕地被淹没以后，剩下的多为岗坡次地。缺地、缺水是移民区经济发展的两大基本障碍。其次，优越的交通条件丧失，后靠和远迁的移民村多数远离交通要道，道路崎岖，个别村需乘船外出。

2. 情感认识上，难以摆脱故土思想

部分移民在迁移到其他地区后，由于难以摆脱故土思想，他们又重新折回故地，但是已经"物是人非"。1960 年 3 月 30 日，迁移到山西省榆次市的部分平山县移民，重新返回了本村，但是，由于该村耕地全部被水淹没，无法维持生活。"他们先到刘家沟借住两个月，又到沙沟村等村庄住一个月，因为是'黑人'，粮食不供应，生活无着落，房子不让盖，后来又到县里去到处上访才有了粮食供应量"[②]。

3. 移民善后——更深层次上的"水环境治理"

移民问题是水环境变迁中社会联动的重要体现，对于移民安置的政策也经历了从注重奉献意识的精神安置向务实性物质安置的转变。改革开放以前，忻州市移民安置政策提出"新移民村庄要发扬'龙江风格'"，牺牲自身利益，服务全局"。1978 年以后，忻州市的移民政策开始转向构建移民政策的"长效与造血"机制。"移民工作必须从单纯安置补偿的传统做法中解脱出来，改消极补偿为积极创业，变救济生活为扶助生产，要使移民安置与库区建设结合起来，合理利用移民政策，提高投资效益，走开发性的移民路子"[③]。

石家庄市地方政府在滹沱河流域水利移民方面提出了具体举措。"市九届二次人代会上把扶持平山岗、黄水库移民区经济发展列为五个重点议案之一，

---

① 《石家庄地区水利志》，石家庄：河北人民出版社，2000 年，第 451 页。
② 《石家庄地区水利志》，石家庄：河北人民出版社，2000 年，第 452 页。
③ 《忻州水利志》，太原：山西人民出版社，2015 年，第 51 页。

经市政府常务会研究拿出扶持移民区脱贫致富的具体意见"①。提出了做好规划，分步组织实施，增加资金扶持、税收减免、全社会对口支援、移民扶植优化政策等具体措施，并成立以主管市长为组长的水库移民脱贫致富领导小组。

构建政府为主导，社会和个人共作为的移民后期安置模式。从1979年起国家制定的开发性移民工作方针，改消极赔偿为集体创业，变救济生活为扶植生产。1980年石家庄地区恢复了水库移民办公室，主抓移民后期的扶持工作。特别是1986年国务院批转《关于抓紧处理水库移民遗留问题》的报告后，省、市、县分别制定了扶持水库移民的优惠政策。国家加大对老移民区的扶持力度，"到1996年，共投入扶持移民专项基金6248.8万元，使移民遗留问题的处理有了很大进展，移民区生产生活条件有一定改善，人均纯收入由1986年的82元提高到1995年的555元"②。

凸显"经济开发"，注重物质投入来改善移民区经济状况。适应市场需要，科学种田，发展多种经营，使农业产量和经济收入进一步提高。灵寿县"引进小麦、玉米、花生、药材等优良品种7500公斤，优质果苗和结接穗10万株。小尾寒羊100多只，年增收30多万元"③。

此外，平山县、鹿泉、元氏等县"在移民区发展蔬菜种植3690亩，赞皇县的河东村利用60亩水浇地，春天种洋白菜，夏天种西瓜，秋天种茄子，一年三种三收，共收入15万元。元氏县八一水库移民区的大棚菜发展到1200亩，年增收140万元。鹿泉市秦庄乡利用滹沱河滩地种藕5000亩，供应石家庄市场，年收入300多万元"④。

发展林牧渔业。移民村除了少量耕地以外，面临的是"眼前一片水，背后一座山"的状况，立足当地资源搞开发，是脱贫致富的重要途径。灵寿县横山岭库区按照小流域生态经济理论，制定了山水林田路综合治理，长中短效益相结合，种养加配套的五年实施规划，1991年被列为河北省财政厅和水

① 《石家庄地区水利志》，石家庄：河北人民出版社，2000年，第459页。
② 《石家庄地区水利志》，石家庄：河北人民出版社，2000年，第456页。
③ 《石家庄地区水利志》，石家庄：河北人民出版社，2000年，第456—457页。
④ 《石家庄地区水利志》，石家庄：河北人民出版社，2000年，第457页。

利厅的试点。"试区中的王家沟村已实现人均 297 棵板栗和苹果。库区移民在水平条田种杂粮和经济作物，年可收获花生、芝麻、豆类 30 万公斤，总收入 50 万元，人均增收 100 元。岗南库区的柏岭村 1986 年发展苹果 460 亩，通过精心管理，3—5 年即可挂果受益，到 1993 年苹果产量达到十万公斤"[1]。

由于水利治理而引发的人口移民涉及民众生存和社会和谐稳定，它作为水环境变迁中的重要组成部分，是对社会个体和社会组织的重造与构建。从某种意义上讲，其难度和影响力并不亚于对滹沱河流域的水利治理。因此，需要更加科学规范的管理和有效的举措来应对。

由于移民问题是对当地群众生产和生活的全面改变，很多群众很难去认识和接受。"当时，有些村群众顾虑重重，一不相信这么大一条滹沱河用人工能把水拦住；二是存有侥幸心理，说水库的水再大也淹不到咱们村里，持有观望的态度，迟迟不搬迁，能拖一天是一天"[2]。因此，对于如何处理好个人利益和集体利益、国家利益的关系上，更需要对群众进行耐心细致的思想教育与引导，而不应该采取简单粗暴的方式，使得群众有一个认识和接受的过程。

也正是由于缺乏对移民问题复杂性和重要性的充分认识，产生了由于移民安置不到位而出现的副作用。山西省忻州市"唐家湾水库由于移民问题没有彻底解决，蓄水位只能在设计水位以下 1 米的高程，因此至今不能高水位运行。定襄戎家庄水电站由于土地问题没有彻底解决，只能低水头一台机组发电，193 万立方米的调蓄库容至今不能充分利用，2002 年下茹越水库除险加固工程，华岩村村民多次迫使工程停工，经济损失 20 万元"[3]。

（三）水环境变迁与交通方式的改变

滹沱河原系常年流水河流，既有河患之苦，又有舟楫之利，航运事业发展较早。（此内容在第一章已有介绍，这里不再赘述）

自石德铁路修筑以后，滹沱河航运日渐衰退，又加上上游沿河中小型水利

---

① 《石家庄地区水利志》，石家庄：河北人民出版社，2000 年，第 457 页。
② 《石家庄地区水利志》，石家庄：河北人民出版社，2000 年，第 449 页。
③ 《忻州水利志》，太原：山西人民出版社，2015 年，第 54 页。

工程的大规模修建，流域水量减少，1948 年后，下游河道淤积日趋严重，河槽变化较多，航运更加困难。自 1958 年在上游修建岗南、黄壁庄两大水库以后，河患减少，航运随之衰落，至 1965 年大旱，河道断流，航运业基本消失。

（四）水环境变迁与社会群体生态诉求表达

面对滹沱河流域水生态环境改变，社会群体以不同的方式和途径表达了重建滹沱河流域水生态的诉求，以期实现"太阳照在滹沱河上"。

20 世纪 50 年代，有关于加强滹沱河流域生态治理的社会舆论已经出现。1952 年，《河北日报》刊登读者来信，正定县师范学校周凤俊提出了"把滹沱河两岸建成林区"生态保护建议。"滹沱河流域（正定县境）的两岸，大约有六七里地宽是大沙丘，什么庄稼都不长，可这里的人口很稠密，群众有力量改造沙丘成为林区。可是政府对有计划有步骤地领导群众改沙丘为林区重视程度不够，沿河两岸的庄稼每年受损失很大，建议滹沱河两岸的政府领导群众把沙丘改为林区，这样能巩固堤岸，刮风时也不会扬起沙子损坏庄稼"①。

2006 年，石家庄市政协委员王书波提出了《建议尽快恢复滹沱河湿地》的提案，疾呼"是到了管管滹沱河的时候了"②。这份提案有效推动了滹沱河流域生态恢复和保护的进程。河北省政协组织发挥参政议政职能，提出恢复滹沱河水生态的议案，并提出了具体实施举措，"确定了遵循建设健康河流生态系统、打造良好生态屏障、提高生态价值、改善投资环境和发展水岸经济的原则，按照水生态文明建设要求，助力滹沱河综合治理达到防洪、生态、景观、休闲、观光农业相结合的效果，实现社会、经济和环境效益共赢"③。

由上所述，水利工程的实施既促进了区域社会经济发展和社会进步，同时也造成了区域生态与社会发展之变。

---

① 《河北日报》，1952 年 8 月 30 日。

② 宋书华、李福忠：《石家庄全面启动滹沱河整治工程》，《人民政协报》2007 年 12 月 9 日。

③ 高新国：《为了"太阳照在滹沱河上"——河北省政协关注滹沱河流域综合治理小记》，《人民政协报》2016 年 9 月 26 日。

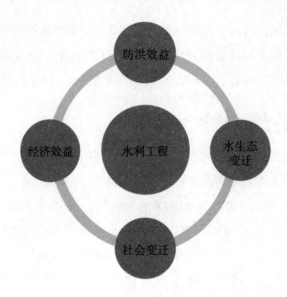

图3-1　水利工程与社会发展互动关系图

五、水利、生态、社会联动下的历史反思

在改造区域水环境这一人地关系互动过程中，水利、生态与社会存在联动效能反应。如何尽力实现生态和社会损耗最小化是协调人类与自然关系的关键环节所在。

（一）构建水利、生态、社会共赢模式

水利工程是体现人与自然博弈的平台和载体。"任何一项水利工程，其本质都应该是生态工程，水利工程在改变自然的同时，不应该以破坏生态为代价，保护生态是水利工作的应有之义"①。这就要求人们采取有效生态措施，尽力避免水利工程"副作用"的出现，尤其是要充分平衡生态效益、经济效益和社会效益。"对修建大型水利工程，要持特别慎重的态度。我们要按生态效益、社会效益、经济效益的先后次序进行工程的规划设计和调度管理，开发资源不能以牺牲环境为代价"②。在此方面，人们在改造水环境的同时，也

① 汪恕诚：《人水和谐 科学发展》，北京：中国水利水电出版社，2013年，第55页。
② 汪恕诚：《人水和谐 科学发展》，北京：中国水利水电出版社，2013年，第27页。

适当做了初步的应对。如堤防绿化，"滹沱河堤防全长 142.63 公里，各种护岸坝 380 条，总长度 73.3 公里"①。在修筑堤坝的同时，按照工程措施与生物措施相结合的原则，本着长短结合，以短养长和临河防浪、背河取材的原则，普遍种植了防浪林和用材林。以工程促进绿化，以生物措施保护工程安全。"1964 年植树 182 万株，1966 年植树 36.35 万株，至 1985 年底堤防林达到了 198 万株，其中成树为 46 万株，木材积蓄量为 3.19 万立方米"②。

不少地方还利用堤坝收入办起了干权柳加工和柳编副业，增加了农业收入，收到了以堤促副，以副支农的效果。"据沿河五县统计，堤坝树木收入平均每年 10 万元左右，其中国家提取 2 万元用于管理开支"③。

（二）树立整体水环境改造观——对河北省平山县 WEP/CHN2811 项目的历史考察

这一时期，河北省平山县防护林建设工程即 WEP/CHN2811 项目具有典型示范意义，这一工程充分考虑到单纯水利工程会带来各种负面作用，以防护林工程为基础，综合各个方面潜在的生态风险，力求实现生态平衡。

1986 年 6 月 5 日，经罗马世界粮食政策和计划委员会第 21 届大会批准，由我国政府与世界粮食计划署合作，在平山县实施 WEP/CHN2811 项目防护林体系工程建设。"期限从 1986 年 10 月 1 日到 1991 年 9 月 30 日止，项目总投资 4465.3 万元人民币，其中世界粮食计划署无偿投入小麦 65324.96 吨，冷冻牛肉干 20 吨，折合人民币 3759.5 万元，省、市配套资金 1188.3 万元，其中省级 526 万元"④。

该项目旨在通过造林、种草、闸沟垒坝、控制水土流失，建设新的生态环境，改善生产条件，促进经济与社会发展，使农民脱贫致富，同时还可以提高岗南、黄壁庄两大水库安全系数，保护和改善石家庄市水源。

1986 年 10 月防护林工程正式开工，截至 1991 年底，"2811 项目工程完

---

① 《石家庄地区水利志》，石家庄：河北人民出版社，2000 年，第 498 页。
② 《石家庄地区水利志》，石家庄：河北人民出版社，2000 年，第 499 页。
③ 《石家庄地区水利志》，石家庄：河北人民出版社，2000 年，第 499 页。
④ 《平山县志》，北京：中国书籍出版社，1996 年，第 259 页。

成造林 5000 余个小斑，共计 31.5 万亩，其中水保林、水源林、经济林和用材林分别占 60.3%、27.8%、8.4% 和 3.5%。种草 4.5 万亩，闸沟垒坝 132.84 万立方米，其中建小型水库 3 座，坝体 1.23 万立方米，塘坝 29 个，合计 6.41 万立方米，挖鱼鳞坑 22350.1 万个，修水平阶 315 万米，建扬水站 23 处，修渠 72 公里，扩大浇地面积达到了 3450 万亩，育苗 2.24 万亩，退耕还林 1.2 万亩，修防火线和施工路 1100 公里"①。

同时，该项目实验区的工程造林成活率也取得较好的效果。"根据河北省林业勘察设计院 1987 年、1988 年和 1989 年检查 2811 项目工程造林成活率分别为 91.01%、88.57% 和 86.91%。面积核实率为 96.27%，种草成活率为 87.2%，面积核实率 100%，闸沟垒坝合格率 95.27%，方量核实率为 99.6%，其中鱼鳞核实率 90.8%，幼树长势良好，3 到 4 年生刺槐高 3.8—5.6 米，胸径 3.8—4.7 米，冠幅 1.9—3.4 米，大部分郁闭，花椒栽植后三年普遍结椒，苹果栽植后 3 到 4 年结果，嫁接板栗 2 到 3 年结果"②。至此，该项目圆满完成并顺利通过联合国粮食计划署的验收。

从项目实施以后所获得效益来看，基本上达到预期目的，产生了生态、经济和社会的多重效益。该项目工程本着因地制宜、因害设防、集中连片与综合治理的原则，"在平山县西北部山区水土流失最严重又最贫困的 1400 平方公里范围内实施，有效控制面积达 700 平方公里，有 1020 个小流域进入有效控制范围，项目执行五年已产生的直接与间接效益总计达到 1.9 亿元人民币，生态、经济和社会效益显著"③。

同时，项目区的林木等其他生态指标也取得了较好的成绩，充分显示出了该项目的积极生态效益。这对于区域生态环境的修复具有典型与示范意义。"项目区内三年生幼林地与荒坡比较，表层上有机质、全氮、碱解氮、速效磷的增加量分别是 75.8%、31.7%、118% 和 410%。地表 10 厘米处有机质、全氮、碱解氮和速效磷的增加量分别为 361%、237%、430% 和 167%。新植刺槐幼林的树冠承雨率为 2.7% 到 25%，降低侵蚀模数为

---

① 《平山县志》，北京：中国书籍出版社，1996 年，第 262 页。
② 《平山县志》，北京：中国书籍出版社，1996 年，第 262 页。
③ 《平山县志》，北京：中国书籍出版社，1996 年，第 265 页。

40.2%到88.3%，减少地表径流50%到70%。鱼鳞坑、水平阶、沟内坝等拦蓄径流79%，拦泥沙86%，削减洪峰75%。与项目执行前相比，侵蚀模数由原来的1053吨/年·平方公里降低到425吨/年·平方公里。1988年8月全县普降暴雨，项目区面积占全区的52.87%，而灾害损失占32.3%，项目区内受灾程度远小于非项目区"[1]。

表3-7　1988年暴雨灾害中项目区内外损失比较[2]

损失项目	全县损失情况	项目区损失情况	项目区外损失情况	项目产生的效益即减少的损失
合计（万元）	15780	5100	10680	3248.4
水冲沙压耕地（公顷）	6424	1525.4	4898.6	1871
冲毁耕地（公顷）	1008.5	392.5	616	140.7
倒塌房屋（间）	5921	2595	3326	535
死人（人）	3	0	3	3
死大牲畜（头）	2023	201	1822	868
死猪羊（头、只）	1954	264	1690	769
冲毁坝（立方米）	180000	6000	17400	8910
毁农作物（公顷）	14500	3120	11380	4546.1
破坏桥梁道路（处）	371	121	250	75

表3-8　WEP中国2811项目工程主要效益统计表[3]

效益种类	效益产生时间	效益额（万元）	备注
合计	到1991年底	19105.1	
农（间作）林收入	2—5年	1170.6	间作农物、药材、枝条、果品
牧业收入	5	2241.1	—
粮食增产	5	1753.9	5年增产粮油1372.25万公斤

① 《平山县志》，北京：中国书籍出版社，1996年，第265页。
② 《平山县志》，北京：中国书籍出版社，1996年，第266—267页。
③ 《平山县志》，北京：中国书籍出版社，1996年，第265—266页。

续表

效益种类	效益产生时间	效益额（万元）	备注
造地	—	693	660 公顷
减少国家供粮补给	5	375	1186.5 万公斤
减灾	1	3248.4	1988 年水灾时，项目区与项目外相比减少的损失
多涵蓄水	3.5	8700	多涵蓄水量 5.8 亿立方米
减少表土流失	3	923.1	减少表土流失量 263.76 万吨

（三）借鉴有机论自然观，借力机械论资源观，加速转向生态水利发展轨道

从水利发展史发展阶段来看，可以大体分为三个阶段，分别为有机论自然观、机械论自然观、生态论自然观指导下的不同治水阶段。

在自然观问题上，中国传统文化坚持的是整体自然观，儒家思想认为宇宙是一个包括生物、社会在内的万物交集的有机整体，任何个别事物都没有脱离天或道而独立存在的实体意义。所以，治河之法，当观其全。西汉末年的贾让提出："完全靠堤防约束洪水的做法是下策，将防洪和灌溉、航运结合起来是中策，治河上策是留足洪水需要的空间，有计划地避开洪水泛滥区去安置生产和生活"①。20 世纪 60 年代以后，有学者倡议过非工程措施水利治水理论，也含有古人为洪水让路的理念。从洪水的双刃剑性质来看，洪水除了会产生灾害外，同时也可以有效改善土壤环境，一定程度上促进农业生产的发展，如同非洲尼罗河泛滥促成了尼罗河谷，黄河泛滥促进了关中农业发展。"河流生命的许多功能就是通过洪水来实现的，它是自然界自我调整的一种重要的内在机制，洪水可以向湖泊湿地，向地下，向土壤补充水源和水分，对土地和耕地补给原料，给物种提供生存环境，为海洋输送营养物质"②。当然，这种认识虽然具有一定可行性，其关键点是如何把控洪水泛滥之度。

---

① 宋继峰、刘勇毅、白玉慧：《构建人水和谐社会的思考与实践》，北京：中国水利水电出版社，2010 年，第 58 页。

② 侯全亮、李肖强：《河流健康生命》，郑州：黄河水利出版社，2007 年，第 33 页。

　　机械论自然观渊源于古希腊的原子论，发展于近代科技革命中，它把自然视作人类认识、利用和征服的对象，强调用技术手段来解决发展问题，推崇技术论思想。随着水利科学的高速发展，人类社会的水利治理理念基本开始由此转向。

　　19世纪后期，伴随着西方水利科学技术的传入，我国开始进入工程水利的发展阶段。这一时期，人们比较注重具体水问题具体分析，根据水的基本特征确定相应水治理方案，虽然在一定程度上促进了水利事业的发展，但是无法消除水利工程的"副作用"。

　　生态水利发展阶段则是以充分考量人与自然的关系为前提，尽力实现有机论自然观和机械论自然观的有机融合，真正以敬畏自然、人地和谐为出发点和归宿。

　　生态史研究既反对以人类为中心，也不赞成以自然为中心，而是强调人与自然的和谐共存。今天我们对滹沱河流域水环境变迁的考察也无意去指责前人，在面对水患之苦、农业生产等棘手问题时，水利工程建设无疑是当时的必选项，以史为鉴，改变发展理念，实现人地和谐，亡羊补牢，为时未晚。

第四章 恩赐与惩戒：地下水开采与
流域生态环境变迁的历史考察

地表以下的水，统称为地下水。[①] 地下水资源在人类社会发展中占有重要地位，它为社会生产和生活提供源源不断的动力。本章以滹沱河流域为研究区域，紧紧围绕地下水开发和利用，探讨地下水开发与利用的历史进程及各种历史要素，反思地下水开采背景下的水生态与社会变迁。

一、地下水资源驱动下的社会发展——以农业生产为中心的考察

在农业生产发展过程中，地下水资源地位和作用尤其突出，其消耗量也占有较高比重。在"靠天吃饭"的时代里，很显然，地下水资源直接决定一个地区农业产量的高低，继而决定能否解决"吃饭"问题。以河北省晋县为例，根据1971年至1982年水资源开发利用调查资料计算，晋县"12年年均用水24526.8万立方米，其中渠水2251.8万立方米，地下水22275万立方米。农业年均用水量22974万立方米，工业年均用水量672.7万立方米，生活年均用水量880.1万立方米。1990年开采地下水14658.88万立方米，其中农业用水11877万立方米，工业用水880.37万立方米，人畜用水1901.51万立方

---

① 以潜水面为界，可以把地下水分为两个部分：潜水面以上为包气带或非饱和带水，潜水面以下为饱水带水或者饱和带水。地下水主要来自于大气降水和地表水的入渗，在灌区还有灌溉水的入渗。入渗的水在地下经过重新的分配，如成为包气带土壤中的蓄积、壤中流、土壤蒸发和植物吸收后散发、地下径流的水平排泄以及成为重力水补给饱和带的地下水。

米"①。可见，农业用水在地下水资源的利用中占有绝对比重。

河北省无极县农业用水在地下水总体用水量中也占绝对比例。以 1979 年为代表年，"年开采量为 19458 万立方米，其中农业用水占到 16917.6 万立方米，比重为 86.94%，工业 375.5 万立方米，占到 1.93%，林果业占到 169.1 万立方米，占比重为 0.87%，畜牧业 795 万立方米，占到 4.09%，人民生活 1200.8 万立方米，占到 6.17%"②。

所占比重

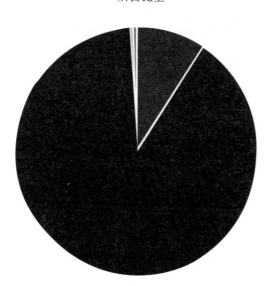

■其他用水■农业用水▨生活用水■工业用水

图 4 - 1 1971 至 1990 年晋县地下水使用比重图

(数据来源：根据"1971 至 1990 年晋县地下水开采量"统计③)

机井是地下水资源开发的重要水利装备。"有井一片绿，无井一片黄"④。"到 1987 年末，石家庄地区达到了 9.66 万眼，其中农田灌溉机井 8.69 万眼，井灌面积达到了 575.35 万亩，占总耕地面积的 81.85%，平均

① 《晋县志》，北京：中国文史出版社，2014 年，第 230 页。

② 《无极县志》，北京：人民出版社，1993 年，第 181 页。

③ 《晋县志》，北京：中国文史出版社，2014 年，第 230 页。

④ 《石家庄地区水利志》，石家庄：河北人民出版社，2000 年，第 303 页。

66.2 亩一眼机井"①。

（一）渠灌井灌之交替——地下水开采的历史进程

新中国成立以来，滹沱河流域的地下水开发和利用大体经历了由砖井到机井—由井灌到渠灌—停渠用井—井灌高速发展—机井逐渐废弃的阶段。

1. 由砖井到机井

新中国成立初期，地下水的利用主要是以砖井为主。以河北省晋县为例，"1949 年有砖井 1317 眼，1950 年有 1547 眼，1951 年有 16066 眼。1953 年，该县庞村、常营打机井 6 眼，购水泵 3 台，以煤气机作为动力浇地"②，这段时期主要是以砖井为主，同时也是晋县机井灌溉的开始。

农业合作社时期，晋县机井建设发展迅速。"1956 年全县有机井 188 眼，土砖井 16658 眼，井灌面积为 34.1 万亩。1958 年全县机井为 662 眼，其中机械配套 245 眼，电力配套 5 眼，土砖井 11082 眼"③。

1952 年 7 月，无极县在中合流村打成全县第一眼砖代机井。1953 年，无极县用大锅锥在祈村打成第二眼砖代机井，用锅驼机抽水。1956 年，人工打井架增多，该县掀起了打井和改造砖井的高潮。1958 年，首次打井大会战。"年成井 834 眼，井深 15—40 米，井壁管以木质为主。1959 年，国家无偿调拨给 120 型冲击式打井机一台，在郭庄村打成一眼 70 米机井"④。

新中国成立初期，百废待兴，"吃饱饭"问题尤其突出，这一时期的机井建设为之后的地下水开采与粮食生产奠定了基础。

2. 由井灌到渠灌

1958 年以后，由于相关政策的调整，国家对于农业灌溉倡导推广渠灌，减少井灌，大量引用渠水。因此，这段时期的地下水开采量大幅度减少。较少的地下水开采量导致地下水位上升，加上排水不畅，造成了连年涝灾以及土壤次生盐碱问题。"土壤次生盐碱地大面积增加，1962 年次生盐碱地 35542

---

① 《石家庄地区水利志》，石家庄：河北人民出版社，2000 年，第 303 页。
② 《晋县志》，北京：中国文史出版社，2014 年，第 224 页。
③ 《晋县志》，北京：中国文史出版社，2014 年，第 224 页。
④ 《无极县志》，北京：人民出版社，1993 年，第 184 页。

亩，1964 年 8.4 万亩，其中 3 万亩绝收"①。

1963 年海河流域特大洪水以后，藁城县的地下水埋深由 5 米升高到 1—3 米，灌溉区土壤次生盐碱化越来越严重。"1965 年盐碱地面积扩大到 5.94 万亩，其中重盐化面积为 1.56 万亩，粮棉产量逐年下降"②。为此，当地政府做出了"停渠改井"的决定，除了南分干渠外，只保留七支、八支、九支和兴安支四条支渠。1968 藁城灌区合并于紫城配水站，县内设三个支渠委员会，即七支、八支（九支归属八支渠委员）、兴安支渠委员会。1985 年底支渠全部停灌。

1959 年到 1961 年，无极县的机井建设也处于较缓慢的状态中。

3. 停渠用井

由于河水水源和经济效益的影响，1965 年晋县"停渠用井"，机井数量急剧增加。这一年"晋县机井保有量 2830 眼，比 1964 年纯增 969 眼，1966 年的井灌面积增加到 51.22 万亩，渠灌面积减少到 4.43 万亩"③。之后由于机井增加，连年超采，使得地下水位大幅度下降，该县出现了以小樵村和东里庄为中心的两个漏斗区。

针对上述生态环境问题，晋县及时调整应对策略，对机井建设进行科学规划与设计。1970 年前后，晋县恢复一干渠和一、二分干渠田村支渠的灌溉，同时，机井建设得到了合理的规划，按照"每千亩 1 眼深井，2 眼中井，3 眼浅井的配套标准"④，并且加强管理，对机井建设实行验收制度，使得该县机井建设走上有序的正确发展轨道。

1975 年，晋县机井数量已经达到饱和状态。1976 年春，晋县机井建设进行平面布局和垂直布局调整，这一做法得到了认可并进行广泛推广。1976 年，中央人民广播电台《对农村讲科学》节目播发该县水利局撰写的《晋县机井建设深、中、浅结合，合理布局，分层取水》的经验文章。

1964 年，无极县进行了第二次大规模机井建设。机井壁管主要以混凝土

① 《晋县志》，北京：中国文史出版社，2014 年，第 224 页。
② 《藁城县志》，北京：中国大百科全书出版社，1994 年，第 150 页。
③ 《晋县志》，北京：中国文史出版社，2014 年，第 224 页。
④ 《晋县志》，北京：中国文史出版社，2014 年，第 224 页。

泥管为主，打井成本下降。1973 年以后，地下水位逐年下降，主要以打中（80—100 米）、深（100—150 米以上）井为主。1978 年无极县"井灌面积 52.92 万亩，占到耕地面积的 99.21%"[①]。至 1979 年，该县机井发展速度减慢，且有部分损坏，砖井逐渐报废弃用。

4. 井灌高速发展

经历了几十年的建设发展，晋县机井数量已经达到了相当的规模。"1981 年晋县全县有农用机井 7780 眼，其中深井 404 眼，中井 2799 眼，浅井 4577 眼，配套机井达 7067 眼，其中机械配套 2454 眼，电力配套 1177 眼，机电配套 3436 眼"[②]。

1983 年无极县推行家庭联产责任制以后，机井建设随之发展。"1985 年，全县机井数量为 10052 眼，其中灌溉用井 8843 眼，深井 275 眼，中浅井 3568 眼；机械配套 2859 眼，电力配套 2353 眼"。[③] 1988 年，无极县的机井建设得到较快的发展。"井灌面积 531088 亩，占耕地面积的 99.8%"[④]。

在滹沱河山西忻州市段的地下水开采也经历了从渠灌到井灌的发展进程。最初，农民更倾向于渠灌，随着河源流量的减少，农民逐步地转为以井灌为主，这其中的主导因素主要是渠灌的经济效益和滹沱河水量的变迁。

20 世纪 50 年代，滹沱河水源充沛，灌溉面积逐年扩大，灌溉水量供大于求。同时，盐碱化土地也需要洪水淤灌改良，"群众愿意引用河水，不用井灌，仅有人畜吃水土井 800 余眼"[⑤]。

20 世纪 60 年代，随着河源来水减少，不能充分满足灌溉需要，该地开始使用"56 型"井装畜力水车提水，但是只在旱年使用，解决灌区下游水量减少，以弥补渠水不足。"1964 年，云南灌区神山乡一带进行全面规划，由政府领导打井，群众开始逐步接受井渠双灌，渠道、水井同时建设，井灌效益逐渐被群众认识"[⑥]。

---

① 《无极县志》，北京：人民出版社，1993 年，第 184 页。
② 《晋县志》，北京：中国文史出版社，第 224 页。
③ 《晋县志》，北京：中国文史出版社，第 224 页。
④ 《无极县志》，北京：人民出版社，第 184 页。
⑤ 马月林：《滹沱河灌区水利志》，太原：山西人民出版社，2006 年，第 15 页。
⑥ 马月林：《滹沱河灌区水利志》，太原：山西人民出版社，2006 年，第 15 页。

表 4－1　1953 年至 1990 年晋县机井发展统计表①

| 年份 | 排灌动力（台） | 其中 | | 实有机井 | 水井（眼） | | | | 井 | 水泵 |
		电动机（台）	柴油机（台）		已配套	机配	电配	双配		
1953	5	—	2	6	—	—	—	—	16241	3
1954	25	—	14	17	—	—	—	—	16305	14
1955	71	—	44	104	—	—	—	—	16235	53
1956	118	—	65	188	100	100	—	—	16658	88
1957	141	—	78	401	98	98	—	—	14297	92
1958	307	2	98	662	250	245	5	—	11082	140
1959	1128	30	124	1015	800	780	20	—	13119	333
1960	1715	45	186	1741	1160	1075	85	—	—	985
1961	1593	188	272	1876	1580	1095	485	—	—	897
1962	1810	645	227	1783	1625	715	910	—	—	773
1963	2036	1185	205	1461	1450	540	910	—	—	1077
1964	2030	1605	157	1861	1700	260	1440	—	—	1175
1965	2722	2207	78	2830	1860	250	1610	—	—	1807
1966	3031	2276	111	3281	2100	430	1670	—	—	2270
1967	3125	2363	273	3386	2310	620	1690	—	—	2281

① 河北省晋州市地方志编纂委员会：《晋县志》，北京：中国文史出版社，第 224 页。

续表

年份	排灌动力（台）	其中		实有机井	已配套	水井（眼）				水泵
		电动机（台）	柴油机（台）			机配	电配	双配	井	
1968	3586	2566	363	3832	3060	630	2430	—	—	3216
1969	3915	2887	405	4222	3215	685	2530	—	—	3643
1970	4050	2921	490	4398	3431	853	2578	—	—	3826
1971	4371	2959	864	4599	3602	1050	2552	—	—	4008
1972	5291	3120	1744	5085	4363	1403	2583	377	3363	4519
1973	7244	3539	3317	6057	5054	2007	2154	893	2538	5082
1974	8474	3917	4209	6706	5559	1906	1196	2457	1754	5844
1975	9718	4103	5615	7263	5680	2175	289	3216	798	6586
1976	10258	4299	5952	7531	6875	2511	942	3422	595	6895
1977	10383	4361	6022	7315	6438	2529	794	3115	1212	6857
1978	10435	4388	6047	7517	6704	2725	1006	2973	1974	6858
1979	10833	4721	6112	7800	6640	2613	793	3234	1395	6364
1980	11415	5153	6262	7924	6868	2519	986	3363	1166	7104
1981	11781	5538	6243	7780	7067	2454	1177	3436	—	7466
1982	11960	5948	6012	7513	7374	2014	1499	3861	—	7495
1983	14714	6775	7939	8718	8213	1917	1719	4577	—	8411
1984	15516	7391	8125	9648	9647	1989	2164	5494	—	8536
1985	17231	7694	9537	10052	9981	2859	2353	4769	—	9905

续表

年份	排灌动力（台）	其中		实有机井	已配套	水井（眼）				水泵
		电动机（台）	柴油机（台）			机配	电配	双配	井	
1986	19958	8273	11685	10074	8701	2714	2131	3856	—	10024
1987	19994	8281	11713	10264	8764	3487	1459	3818	—	9995
1988	20781	8281	12500	10615	8904	3766	2487	2652	—	10212
1989	22951	8780	14171	10685	8955	361	2098	6496	—	10277
1990	31186	9779	21407	10680	8900	3698	2566	2636	—	11251

　　20世纪70年代，滹沱河河源来水短缺，滹沱河灌区下游无法保证灌溉用水需求，当地政府号召打井，并给予资金与器材补助，之后机井建设迅速发展。20世纪80年代后，河源来水严重不足，机井数量增多，同时越打越深，"灌区下游的神山、蒋村、河边等乡镇已经成为纯井灌区"[①]。

（二）采水工具之变——地下水开采的标识符

　　伴随着农业灌溉用水方式的不断调整以及农村生产力水平的提高，农业提水工具和配套动力机械也经历了相应的历史变迁。

　　从水井到机井的发展，见证了地下水开发和利用的历史进程。水井使用久远，范围广泛。随着生产力的发展，特别是水利科技的不断进步，打井工具不断改革创新，人工井架、大锅锥、冲击式钻机等相继发展和使用。之后，机井逐渐代替了土井和砖石井，各种形式的水泵代替了较原始的挑杆和辘轳等笨重提水工具。

1. 缘起水井

　　水井即为土井，人们从地面挖三米深左右，找出水泉，从中汲取地下水使用。随着地下水埋深的不断加深，人们开始挖木、竹管井，以圆木或竹板做井壁。

　　清乾隆十六年，黄河润著《畿辅见闻录》对打井有详细记载："每砖井一眼，大者须制钱一万三四千文，中者一万一二千文，小者七八千文"[②]，经费筹措办法是"有力者劝之，无力者借之，对无力者由署衙出面动支仓储，大井一眼准借仓谷15石，中井12石，小井8石"[③]。

　　地下水是当时无极县农业生产的重要动力源。"每井大者可灌五六十亩，中者三四十亩，小者二三十亩"，以每井平均灌田四十余亩计之，可浇地十万余亩，占耕地总面积1/4强"[④]。

2. 成井工具

　　（1）砖井成井工具：其主要构成是架上装有1—2个木滑轮，主要用来传

① 马月林：《滹沱河灌区水利志》，太原：山西人民出版社，2006年，第15页。
② 《无极县志》，北京：人民出版社，1993年，第183页。
③ 《无极县志》，北京：人民出版社，1993年，第183页。
④ 《无极县志》，北京：人民出版社，1993年，第183页。

送柳罐从井内出进，以木制圆形底盘放入井底托起上面砌的砖筒。

（2）竹、木管井成井工具：所用工具与砖井相同。井筒由碎木板或竹板钉在预制好的井底盘上，再每隔一段绑一道绳子即可。

（3）机井成井工具：人工架：又称为人力弓或冲击锥，主要是借助木弓（或竹弓）弹力和人力使锥头冲击地层。这种工具使用时劳动强度大，进度慢，效率低，适于松散地层。主要设备有架子、大轮、大弓、铁锥。1960年，无极县"有人工架150副，1980年仅存21副，1988年绝迹"[1]。大锅锥：是一种人力式打井工具，因锥头如铁锅而得名。其构造简单、操作容易、施工安全、工效较高。主要设备有锥头（又称锅）、锥尖、锥杆、花杆、推杆、提环、提引器、绞车。后为动力打井所取代。冲击锥：是一种较为先进的动力打井机，利用钻机偏心轮的转动，使吊锥具的钢丝绳不断升降，致锥头冲击钻进地层。常用冲击锥有双臂250型、乌卡斯20型、乌卡斯150型等。无极县"1968年购进第一台冲击钻机。1980年有28台，1988年有67台"[2]。

3. 成井工艺

（1）砖井成井工艺。首先，在选好的井位挖7—10米深的圆形土坑（直径2—3米），将13—20厘米厚木制圆形底盘放入坑底，然后在其上砌筑砖筒，砖筒高出地面2米左右，而后用4—6厘米粗柳杆（每两根间隔1米左右）放于砖筒外，用铁丝（或麻绳）捆牢，开始落荏。支好三脚架，有2—3人在井底挖，每挖一米左右下落一次，直挖到丰富含水砂层，将底盘稳定，为砂底井。如果丰水层较深，即将底盘落到隔水板上，最后将竹管（或木管）插入砂层内向上透水。

（2）竹、木管井成井工艺。用若干木板砌成圆筒，或者树身中间钻孔，放入挖好的井内做井壁，竹管井壁是用竹板砌成圆筒放入井内。

（3）机井成井工艺。钻孔，钻机的轴车、立轴、井口三者必须在同一垂直线上，选择合适的冲程，钻进时使钻孔上下直径一致，每钻2—3米测斜一次，100米最大倾斜角不得超过2度；下管方法：一是钢丝盘下管，二是用吊管器下管；填料井管安装完毕以后，四周填料，防止井口收缩造成坍塌事故。

---

[1] 《无极县志》，北京：人民出版社，1993年，第184页。

[2] 《无极县志》，北京：人民出版社，1993年，第184页。

机井包括以下几种：

水泥管井：自 1963 年开始普遍使用，用石子、细砂、水泥、水按照一定比例搅拌而成，透水管壁呈蜂窝状，称为花管，不透水管称为实管。

铸铁管井：造价昂贵，农村很少使用，多用于工业企业。1975 年，无极县化肥厂打成县内第一眼铸铁管井。1988 年，全县共有 3 眼铸铁管井。

洗井：用水泵或者空气压缩机把井内泥浆抽出，冲洗渗入到含水层的泥浆，滤水井管周围形成良好的天然滤水层，保证机井正常出水量。

4. 其他采水工具

（1）戽斗。类似柳罐。20 世纪 60 年代，无极县内沿滹沱河、木刀沟及浅水区农村中开始使用，戽斗符合分力机械原理。主要用于掏"接井"提水。戽斗两侧系有绳子，两个人操作，相对而立，双手用绳索牵拉，上下摆动，将水掏出。

（2）辘轳。辘轳曾经在滹沱河流域各县普遍使用，随着水车的大量应用，辘轳逐渐在提水灌溉中被淘汰，之后主要适用于饮用水井。20 世纪 70 年代后期，随着农村自来水的广泛普及，辘轳被彻底淘汰。

（3）水车。1949 年，晋县的水车多为老式八挂斗水车，该水车由横轮、竖轮、铁棍（木板）连接的梯形水斗组成，提水时人力或畜力拉动横轮，横轮带动竖轮和竖轮上的水斗将水提出。1950 年以后，各地组织铁木工人制造水车、水斗。水利推进社出贷整套水车，优惠销售水车，使水车增多。"1953 年水车保有量 8515 辆。1956 年达到 12919 辆"①。之后又在八挂斗水车的基础上发展为小齿轮筒子水车（又称作小五轮水车）。该水车由铁架、传动齿轮、水轮、铁链、皮钱、白铁筒、水簸箕组成。提水时，驱动传动轮使穿过水筒的铁链循环上升，由皮钱封闭的水筒将水提出井口，通过水簸箕流入垄沟。60 年代，随着水泵的大量使用，水车逐渐减少以至最后被淘汰。

（4）水泵。1953 年晋县庞村、常营购进水泵，这是该县使用水泵的开始。由于水泵提水效率较高，很快得到推广。1965 年，停止渠灌，大力发展机井，水泵随之增加。"该年全县水泵有 1807 台，1970 年有 3826 台"②。

---

① 《晋县志》，北京：中国文史出版社，2014 年，第 226 页。
② 《晋县志》，北京：中国文史出版社，2014 年，第 227 页。

70 年代，由于对地下水的超量开采，地下水位大幅度下降。人们采取降机、降泵等措施，同时引进深水泵。农村推广联产承包责任制后，水泵数量进一步增加。"1986 年有水泵 10024 台，其中深井泵 9768 台，离心式水泵 266 台，潜水泵 223 台。1990 年全县有水泵 11251 台，其中深井泵 8830 台，潜水泵 1871 台，其他水泵 550 台"[①]。

（5）配套动力机械。1953 年晋县开始使用灌溉动力机械——柴油机。60 年代，主要以发展电动机为主，柴油机为辅。人们逐渐淘汰了体积大、消耗高的煤气机、锅驼机。"1970 年全县有排灌动力机械 4050 台，其中电动机 2921 台，柴油机 490 台，汽油机 44 台，煤气机 463 台，锅驼机 132 台"[②]。1975 年以后，柴油机、煤气机、锅驼机被淘汰。

1980 年以后，随着土地联产承包责任制的实行，灌溉动力机械实现联产组合，配套动力数量增加，出现了一井多机，配套动力机械数量连年增加。晋县"1985 年全县有配套动力机械 17231 台，其中柴油机 9537 台，83841.4 千瓦；电动机 7694 台，69302 千瓦。1988 年 20781 台，其中柴油机 12500 台，电动机 8281 台。1990 年全县共有配套动力机械 31186 台，其中柴油机 21407 台，电动机 9779 台"[③]。

此外，在长期的生产实践中，广大群众总结出了很多打井的实践经验和做法，并以脍炙人口的方式广为流传："紧打沙，慢打泥，不紧不慢打沙泥，高抬高落打硬泥，遇见黏泥改锥具，遇硬层，加重锥，高提猛蹲打下去，穿过沙皮用力气，井锥快下又快提，遇卵石，用实锥，击碎以后，空锥取。碰见大石莫着急，爆破炸碎捞出去，见流沙，养水压，泥浆固壁防坍塌，遇岩层，不用急，合金钻粒钻下去"[④]。

（三）机井管理模式的历史演变

机井管理模式随着时代的发展经历了不同的变化。以河北省无极县为例。

---

① 《晋县志》，北京：中国文史出版社，2014 年，第 227 页。
② 《晋县志》，北京：中国文史出版社，2014 年，第 227 页。
③ 《晋县志》，北京：中国文史出版社，2014 年，第 227 页。
④ 《石家庄地区水利志》，石家庄：河北人民出版社，2000 年，第 309 页。

无极县属于纯井灌区，因此，重视水井管理。1953 年以前，水井属于个人或联户使用，由用户管理。1953 年，初级合作社指定专人负责。1955 年至 1957 年，由高级社负责统一管理。

1958 年出现两种形式，一种是由生产大队副大队长、电工和生产队机手组成专业队，负责全大队的打井、浇地、维修、保管等项工作。二是生产大队和生产队相结合，实行井、机、泵、人"四固定"，机井的更新、维护、保管由生产队负责。

1964 年改为两级管理制：大队负责管理机井、机手、用电，生产队负责管理井、泵和工分报酬。

1981 年有四种管理形式：一是三级管理：公社统一培训、统一工分报酬、生产队负责管理井、电、泵。二是大队统一管理井具、机手，统一浇地，统一分配报酬。三是大队部分管理，只负责管理油、机件，其他由生产队自行管理。四是生产队统一管理，负责所有的井、工具、浇地、核算等，所有权归生产队。

1983 年有三种管理形式：以地划组，组用组管；以井划组，机具固定；机手承包，并且机、泵、管、带固定。

1985 年有四种管理形式：一是建立浇地供水公司；二是以原生产队为基础，机手投标承包；三是井、泵固定，机具联户或者个体购买，由"井长"管理机井；四是井泵不固定，井、泵、机具属于联户或者个体。

集体化时期，机井设备以集体方式进行管理，共同开发与利用，从而可以充分体现出集体管理的优越性。也正是因为如此，在后期所有制形式改变以后，很多地方的地下水管理出现了各种问题。如笔者在河北省平山县东冶沟村访谈所见，很多机井的废弃都是所有制转型之后管理缺失的表现，没有组织或个人继续进行管理，也就一定程度上造成了机井的荒废。甚至在一些地方也出现了机井伤人事件，这也从中反映出了历史时期社会运行机制转型的负面影响以及农村公共管理机制的缺失和不足。媒体调查显示："当地农村枯井很多，但并没有具体部门统计数量。在河北几乎每个村都有废弃的枯井，除多数填埋外，未填埋的枯井大多处于无人管理的状态"①。

---

① 《河北枯井"吃人"背后的真问题：三部门互相踢皮球》，新华网，2016 年 11 月 17 日。

（四）地下水开发的成本与效益

从综合效益来看，地下水资源本身作为一种近乎"无偿"的资源，其开发成本主要体现在开发装备的投入和人力资源等方面。从最后的效益比来看，其收益是比较可观的，当然，其更大的收益在于促进农业生产的发展，解决人们的"吃饭"问题，促进社会稳定和有序发展。

20 世纪 80 年代初，相关部门曾经对藁城县、晋县、深泽县、无极县等地不同井型的成井投资进行过调查。"藁城县 80 年代初，每亩次油电费为 0.22 元，机泵维修费 0.12 元，浇地人员工资 0.2 元，防渗垄沟折旧费为 0.07 元，田间工程维修费 0.04 元，每亩次机井及配套设施折旧费：深井 0.12 元，中井为 0.36 元，浅井为 0.31 元。全年每亩灌水平均 9.75 次，综合浇地成本深井为 1.86 元，中井 1.04 元，浅井为 0.99 元"[1]。

表 4 - 2　单井投资及灌溉面积情况统计[2]

井型	单井投资合计（元）	其中（元）		灌溉面积（亩）
		打井投资	配套投资	
深井	6744	4200	2544	120
中井	3104	1760	1344	78.7
浅井	2239	895	1344	78.7

表 4 - 3　20 世纪 80 年代石家庄地区机井造价情况表[3]

县别	平均单井控制面积（亩）		单井投资（元）			
	深井	中浅井	深　井	中　井	浅　井	全县平均每眼机井投资
藁城	200	84	2400—2700	1600—2000	800—1600	1750

---

① 《石家庄地区水利志》，石家庄：河北人民出版社，2000 年，第 314 页。
② 《石家庄地区水利志》，石家庄：河北人民出版社，2000 年，第 313 页。
③ 《石家庄地区水利志》，石家庄：河北人民出版社，2000 年，第 314 页。

续表

县别	平均单井控制面积（亩）	单井投资（元）				
晋县	110	79	3300—10400	1900	980	1470
深泽	86	72	1600	1200	700	900—1700
无极	107	75	2500	1400	700	1400—1900

　　由此可见，20世纪七八十年代，滹沱河流域农业发展得益于地下水资源开发和利用。尤其是在出现干旱天气以后，地下水资源显示出了独特的抗旱作用。滹沱河流域各个区域出现了"天旱地不旱，越旱越增产"[①] 的特殊景象，粮食稳产高产。"1953年石家庄地区平均亩产量97.5公斤，皮棉20.7公斤。大旱的1972年连续200多天未下透雨，全区平均粮食亩产仍然达到了286.4公斤，皮棉26.5公斤，1979年出现的伏旱、卡脖旱，8—9月份降雨仅有48毫米，比常年降雨量少了七成多。由于充分发挥了机井的作用，战胜了干旱。全区平均粮食总产20.41亿公斤，单产448公斤，均创历史最高水平"[②]。以1987年统计数据为例：

表4－4　1987年石家庄地区辖区概况表[③]

名称	总人口（万人）	总面积（平方公里）	耕地面积（万亩）	水浇地（万亩）	地上水灌溉面积（万亩）	地下水灌溉面积（万亩）	旱涝保收农田（万亩）
平山	40.01	2951	46.15	23.41	14.25	9.16	19.90
晋县	43.93	716	61.63	61.63	—	61.63	61.63
深泽	22.07	286	30.62	30.88		30.38	30.38
无极	41.02	524	53.23	53.23		53.23	53.23
藁城	62.72	836	83.29	83.29	—	83.29	83.29
灵寿	26.92	1546	38.54	24.24	10.39	13.85	14.52

---

① 《石家庄地区水利志》，石家庄：河北人民出版社，2000年，第314页。
② 《石家庄地区水利志》，石家庄：河北人民出版社，2000年，第314页。
③ 《石家庄地区水利志》，石家庄：河北人民出版社，2000年，第11页。

以无极县为个案考察，1983 年无极县进行县级水利区划，对机井建设做了调查分析。单井的主要经济指标为："投资 3762 元（含打井，配套投资，低压线路安装等费用，井深按照 100 米计算，年息 7%（不含复利），总计 4025 元；机井寿命（平均使用年限）10 年，年摊投资 319.5 元；每眼机井平均浇地 80 亩，亩摊投资 4 元；水浇地与旱地（即灌溉与非灌溉）比较，平水年每亩可以增收粮食 66 公斤，单价按照 0.28 元/公斤计算，亩增收 18.48 元，保浇面积合计增收 1478 元，单井年平均运行费用 400 元，净收益 1078 元/年，4 年可以收回全部投资，单井获纯利润 6468 元。"[①]

因此，机井开发除了满足农业发展需要以外，作为一种经济投资，其收益也是人们所关注的，在当时经济尚不发达的时代，单井投资、回本时间和所获纯利润 "6468 元" 是富有绝对诱惑力的。

二、地下水生态环境的破坏及次生问题的出现

地下水开发与利用要在做好地下水资源评价的基础上，统筹规划和安排，以实现补给和消耗能够达到平衡。但是，长期以来，人们由于忽视对水生态环境规律的认识，随着地下水开采程度的不断加深以及地下水污染问题的出现，导致滹沱河流域地下水生态环境出现了各种不和谐现象。生态环境的污染和破坏，实质上是两个惩罚的集合体：一是自然规律对人们不合理的生产和生活活动的惩罚，二是经济规律对人们不合理的生活和生产活动的惩罚。

（一）违背地下水再生规律，地下水超采问题严重

地下水超采现象是滹沱河流域地下水开发利用的显著特征。从石家庄区域来看，由于对地下水的开采无限制，又未充分利用地上水资源进行人工回灌补给，所以地下水亏损越来越多。"1966 年—1981 年，15 年累计超采地下水达 60 亿立方米，特别是 1980 年、1981 年两年共超采 21 亿立方米，整个平原区平均地下水位埋深由 1966 年的 4.7 米降到 1981 年的 10.8 米，最大埋深达到 23.5 米"[②]。

---

① 《无极县志》，北京：人民出版社，1993 年，第 186 页。
② 《我区自然资源利用和破坏的初步调研报告》，1982 年 4 月，石家庄市环境保护办公室档案，石家庄市档案馆藏，档案号：65 - 2 - 12。

当前时期，地下水超采现象依然严重。石家庄市"2013年总用水量31.2亿立方米，其中地下水24.17亿立方米，占总用水量的近百分之八十，地下水超采10亿多立方米"①。

地下水超采导致了严重的水生态环境问题，"根据石家庄水务局防汛抗旱指挥办提供的数据，进入八十年代，随着地下水的超采，漏斗面积和深度逐年扩大，现在地下水降落漏斗影响面积达到456平方公里，漏斗中心水位埋深达52.28米，并且仍以每年1.2至1.5米的速度下降，成为南水北调中线经过地区的最大地下漏斗"②。而在20世纪50年代的地下水埋深与此形成了鲜明的对比，"50年代，市区北部打几米深的井便可出水"③。

表4-5　1965—1988年石家庄市地下水漏斗扩展统计表④

时间	漏斗中心位置	漏斗面积（km²）	漏斗中心水位埋深	开采量		
				万 m³/日	亿 m³/年	漏斗面积（km²）
1965	石027孔（华药厂）	57.5	7.82	26.36	0.91221	—
1970	石027孔（华药厂）	122.0	10.37	43.36	1.5826	64.5
1972	石027孔（华药厂）	163.0	11.81	46.64	1.7023	—
1973	石053孔（印染厂）	134.0	15.74	52.19	1.9049	
1975	石053孔（印染厂）	174.0	17.44	62.37	2.2765	52.0
1980	石053孔（印染厂）	189.0	21.13	90.37	3.2985	15.0
1985	石053孔（印染厂）	259.0	31.32	104.58	3.8171	70.0
1988	石053孔（印染厂）	314.8	37.32	114.64	4.1845	55.8

---

① 范春旭：《石家庄地下水超采严重 成南水北调中线最大漏斗》，《新京报》2014年9月15日。
② 《石家庄地下漏斗面积扩大、南水北调7.28亿立方》，《新京坡》，2014年9月15日。
③ 《石家庄市环境保护志》，中国画报出版社，1995年，第16页。
④ 《石家庄市志》（第1卷），北京：中国社会出版社，1995年，第102页。

地下水超采带来了较严重的生态副作用。根据地下水形成基理，过度开采会导致地下水位持续下降，继而导致包气带加厚，由此就会进一步扩大氧化带范围，土壤的氧化还原体系也会随之发生改变。同时，地下水位下降也会增加水力坡度，增加污染物质进入地下水的几率。随着漏斗范围的不断扩大，地下水污染面积也会随之增加。

从华北地区来看，地下水超采带来的后果触目惊心，严重影响到经济和社会发展。中国地质科学院课题《全国地下水资源及其环境问题综合评价及专题研究》成果显示："华北平原深层地下水超采状况居全国之首，开采程度（以实际开采量与允许开采量之比来表示）达到了 177.2%"[①]。2008 年中国地质调查局历时五年完成的《华北平原地面沉降调查与监测综合研究》表明："地面沉降与经济损失成正相关，由于华北平原地面沉降造成的直接经济损失达 404.42 亿元，间接经济损失 2923.86 亿元，累计损失 3328.28 亿元，且呈不断恶化趋势"[②]。

以河北省无极县为例，20 世纪 60 年代，无极县地下水埋深较浅，一般都在 10 米以下，尤其是 1963 年海河流域特大洪水后，地下水埋深一般为 2—3 米。1965 年和 1972 年为干旱年，该县的农业灌溉主要依靠地下水，再加上工业用水等其他使用渠道，地下水埋深下降较明显。地下水埋深连续下降。"1974 年出现以北苏、东庄、明秩寺、费家庄、杨家庄等地为中心的'漏斗'，地下水埋深大于十米"[③]。

1975 年："为建国以后的第三个干旱年，全年降水量为 240 毫米，漏斗面积为 31 平方公里，耕地面积 4.5 万亩，占耕地总面积的 8.4%，极端埋深为 13.5 米，全县平均地下水埋深为 7.83 米，之后地下水随降雨量的增减而升降，总的趋势为水位下降，'漏斗区'扩大"[④]。

1980 年："'漏斗区'扩大为 114 平方公里，耕地面积 13 万亩，占到耕

① 何慧爽：《河南省水资源与社会经济发展交互问题研究》，北京：中国水利水电出版社，2015 年，第 29 页。
② 何慧爽：《河南省水资源与社会经济发展交互问题研究》，北京：中国水利水电出版社，2015 年，第 29 页。
③ 《无极县志》，北京：人民出版社，1993 年，第 180 页。
④ 《无极县志》，北京：人民出版社，1993 年，第 180 页。

地总面积的 24.41%，极端埋深为 14.03 米，全县平均地下水埋深为 10.36 米。1988 年全县地下水埋深为 15.58 米，最大埋深为 19.57 米，最小埋深为 12.88 米"①。

开采的水量远远大于地下水自我恢复的水量，造成了地下水位的不断下降。"平水年地下水开采量为 1.9458 亿立方米，而年补给量为 1.65 亿立方米，每年超采近 0.3 亿立方米，造成了地下水位不断下降"②。

从 20 世纪 70 年代开始，河北省藁城县地下水埋深也开始逐渐加深。"藁城县地下水补给量全县多年平均为 26363.2 万立方米，地下水开采量多年平均为 33110.9 万立方米，其中，农业开采量为 28955.5 万立方米，占到总开采量的 87.5%，另外，工业、生活、牲畜用水开采量共计占到 12.5%，开采模数为 42.04 万立方米/年·平方公里。地下水资源为采大于补，多年平均采补差为 -6747.7 万立方米，1985 年采补差为 -11481.3 万立方米"③。

表 4-6　石家庄地区（含石市）历年地下水动态特征综合分析表④

年份	面平均年降水量（毫米）	农业开采量（亿立方米）	面平均地下水埋深（米）		开采量合计（亿立方米）
			2 月下旬	5 月下旬	
1956	812.4	7.217	—	—	—
1957	311.8	10.88	4.91	5.81	—
1958	444.7	11.661	5.04	5.78	—
1959	605.3	10.495	5.61	6.29	—
1960	461.6	11.653	5.61	6.04	—
1961	513.8	11.163	5.56	5.69	—
1962	332.1	12.195	5.37	5.74	—
1963	903.2	8.492	5.44	6.07	—
1964	746.5	10.130	5.30	5.03	—
1965	272.6	14.706	5.27	5.33	—

---

① 《无极县志》，北京：人民出版社，1993 年，第 187 页。
② 《无极县志》，北京：人民出版社，1993 年，第 186 页。
③ 《藁城县志》，北京：中国大百科全书出版社，1994 年，第 76 页。
④ 《石家庄地区水利志》，石家庄：河北人民出版社，2000 年，第 197 页。

续表

年份	面平均年降水量（毫米）	农业开采量（亿立方米）	面平均地下水埋深（米）		开采量合计（亿立方米）
			2月下旬	5月下旬	
1966	585.8	120.979	5.81	6.61	—
1967	480.7	14.253	5.69	6.21	—
1968	332.8	15.637	5.63	6.18	—
1969	532.6	14.431	5.85	6.18	—
1970	453.9	16.466	5.69	6.13	—
1971	447.7	16.408	5.86	6.80	—
1972	255.3	19.508	6.37	7.25	22.568
1973	594.1	16.485	8.30	9.46	19.581
1974	465.0	17.255	6.57	7.98	20.448
1975	287.7	19.832	7.50	9.45	23.081
1976	644.1	15.357	9.43	10.68	18.798
1977	737.9	14.760	8.69	9.92	18.950
1978	453.3	17.685	7.13	8.78	21.943
1979	439.9	17.294	7.70	8.89	21.347
1980	391.2	18.598	8.23	9.57	23.026
1981	382.8	18.510	9.57	11.33	22.801
1982	658.0	16.103	11.02	12.75	20.230
1983	417.7	17.778	11.29	12.11	21.800
1984	374.7	18.811	11.79	13.27	22.941
1985	451.1	19.297	13.14	14.32	20.940

表4-7　石家庄地区东部平原地下水埋深动态表[①]

年份	年降水量（毫米）	年平均水位（米）	年最大水埋深（米）	年降幅（米）	年升幅（米）	年变差（米）
1972	258.3	7.00	8.86	2.10	1.20	−0.90
1973	634.4	8.20	8.97	1.60	1.90	0.30
1974	457.8	8.00	9.85	1.90	1.40	−0.50

① 《石家庄地区水利志》，石家庄：河北人民出版社，2000年，第195页。

续表

年份	年降水量（毫米）	年平均水位（米）	年最大水埋深（米）	年降幅（米）	年升幅（米）	年变差（米）
1975	343.9	9.00	10.72	2.60	1.30	-1.30
1976	668.6	10.10	11.11	1.70	2.30	0.60
1977	731.0	9.10	10.24	1.80	2.40	0.60
1978	454.8	8.10	9.05	7.20	1.70	-0.50
1979	449.8	8.21	9.09	1.50	1.20	-0.30
1980	413.8	9.20	10.61	1.70	0.76	-0.94
1981	384.3	10.20	10.95	2.28	0.56	-1.72
1982	635.9	10.94	12.15	2.33	1.76	-0.57
1983	448.4	11.32	12.16	1.84	0.62	-1.22
1984	376.5	12.34	13.06	1.79	0.49	-1.30
1985	460.2	13.41	14.21	1.79	0.86	-0.90
1986	367.9	14.28	14.77	1.54	0.34	-1.20
1987	386.6	15.61	16.58	2.28	0.45	-1.83
1988	588.5	17.17	18.59	2.61	1.75	-0.86

（二）缺乏生态环保观念，地下水体污染严重

随着化肥、农药的大量使用，废剩药物的随意弃抛，以及引工业废水回灌补充地下水等现象，使地下水污染日益严重。

地下水体污染，不仅破坏了水生态环境系统，而且会对人体健康造成极大的威胁。从世界范围来看，"全世界每年排放污水超过 4300 亿立方米，造成了 55000 亿立方米的水体受到污染，约占全球径流总量的 14%。水污染的一个重要领域就是地下水污染。固体废物和危险废物堆放场、地下水排污管道泄漏、地下油库、农业径流、工业和生活废水都可以造成地下水污染"①。

---

① 王腊春、史云良：《中国水问题》，南京：东南大学出版社，2007 年，第 54 页。

　　垃圾在进入地下水环境以后，由于"未能充分与地下水混合扩散，致使渗滤液污染物在地下水中呈烟羽状运移。渗滤液的运移或穿过饱和区往往是比较缓慢的，同时溶解氧供应有限，扩散速率很低，致使高有机负荷的渗滤液在地下水中保持相当长的时间"①。所以，经过垃圾污染的地下水很难在短时期得到恢复，其后期生态影响的负面作用非常大。目前在滹沱河流域石家庄段区域，已经建设有肖家营、汊河、三里屯、峡石沟等垃圾场，并且对地下水环境也产生了不同程度的污染。

　　从石家庄市区来看，污染区主要是排放量较大的企业区域，如制药、化工类企业。其污染类型主要包括生活污染和工业污染两种类型。"其中重污染区面积约 2.6 km²，中污染区面积约 5.5 km²，轻污染区总面积约 37.8 km²。水质污染主要表现为水的硬度和矿化度升高，局部六价铬超标，三氮、挥发酚、氯化物、氰化物以及细菌总数等均有不同程度的污染"②。

　　以河北省藁城市为例，藁城市地下水的水质较好。按照水文地质条件划分，藁城市属于太行山前滹沱河冲积平原。按照河北平原第四系地层分层原则，分为四个含水组。"涌水量一般都 ≥20—30 立方米/时，水质全淡，总矿化度为 708.8 毫克/升，pH 值为 7.6，属于弱碱性水，按照化学成分分类，大部分地区属重碳酸盐钙镁型水，只有汪洋沟北属于中碳酸盐氯钙镁型水，沿滹沱河一带为重碳酸盐钙镁型水。水温变化在 12℃—16℃ 之间，同灌溉用水相比，略微偏高，对农作物生长较为有利"③。

　　但是，随着经济社会的发展，藁城市的地下水也受到了一定程度的污染。"污染物排放量较大的化肥厂、纤维板厂、磷肥厂、造纸厂等企业，日排放废水 2 万余吨，废气 321.9 万标立方米，废渣 90.84 吨，排入滹沱河、石津渠、回灌区废水中的有毒物有砷、汞、硫化物、悬浮物、氨和酸等十几种，直接污染河、渠及地下水源，使得地下水有毒、有害物质严重超标"④。

　　① 聂永丰等：《三废处理工程技术手册》，北京：化学工业出版社，2000 年，第 87 页。
　　② 裴青、贾建和：《石家庄市水环境问题与综合整治》，《地理学与国土研究》，1996 年第 12 卷第 3 期。
　　③ 《藁城县志》，北京：中国大百科全书出版社，1994 年，第 68 页。
　　④ 《藁城县志》，北京：中国大百科全书出版社，1994 年，第 262 页。

表 4 - 8　1981 年藁城县地下水污染情况①

采样地点	pH 值	硬度（毫克/升）	矿化度（毫克/升）	含有毒物质		
				砷	酚	氰
马庄供销社	8.0	25.26	711.8	0.002	0.00	0.00
贾市庄粮站	7.8	41.35	1176.8	0.002	0.00	0.00
颐中知青院	8.0	28.31	769.1	0.003	0.00	0.00
供应站（城北）	7.3	21.7	710.6	0.01	0.02	—
小常庄	7.6	17.39	591.7	0.03	0.00	—
落生	7.4	27.79	1015.2	0.03	0.00	—
焦庄小申井	7.6	26.8	703.2	0.003	0.00	—
北席	7.9	24.65	799.2	0.02	0.00	—
丘头	7.4	14.29	367.6	0.02	0.00	—
南董	—	23.01	622.2	0.08	0.00	—
祝家庄机站	7.8	24.22	707.9	0.02	0.00	—
丽阳砖窑	—	29.17	750.3	0.02	0.00	—
北楼	7.4	16.31	470.4	0.01	0.00	—
梅花供销社	7.8	16.65	503.7	0.01	0.00	—

（三）城市化进程影响下的地下水环境变迁——以对石家庄市区的考察为例

　　新中国成立以后，我国开始由农业国向工业国转变，发展和建设城市成了我国工业化进程的重要内容。以河北省省会石家庄市为例，石家庄市经历了一个由名不见经传的小城市到华北重要城市的转变。石家庄市的城市化发展可以归纳为恢复和发展阶段、迂回增长阶段和高速增长阶段。与此相适应的，水资源开发也经历了不同的发展阶段。

　　石家庄是一座由铁路而兴起的城市。新中国成立初期石家庄市水资源相

① 《藁城县志》，北京：中国大百科全书出版社，1994 年，第 263 页。

对比较充裕，当时工农业发展处于刚刚起步的阶段，对于水资源的获取量相对较小，滹沱河流域水资源储备也比较丰富，因此，人们还没有"缺水"的概念。"1950 年，石家庄市的供水机井只有 2 眼，年供水量 $39 \times 10^4 m^3$，主要用于生活用水，地下水埋深在 3—5m 左右"[①]。

1950—1955 年，石家庄的很多工业企业开始建立，比如各类制药企业、棉纺企业，工业用水量增大，农业用水需求也开始增加。当时由于水资源储备还较为丰富，所以，滹沱河流域地下水环境处在人地和谐的状态之中。"仅这 5 年内城市基本建设就占用耕地约 $2000 hm^2$。这个时期是石家庄市城市用地的第一个高速扩展时期，除了利用地表水外，地下水的埋深大约下降了 1m 左右。这个时期滹沱河常年流水，地表水资源丰厚，地下水开采量仍很小，地下水机井只有 5 眼，年供水量为 $170 \times 10^4 m^3$，基本处于补排平衡"[②]。

从 1955 年开始，滹沱河流域进行了各项水利工程建设，兴修水库，疏通河道，尤其是在 1963 年特大洪水以后，中央做出了"一定要根治海河"的决策，滹沱河流域兴修了水利治理工程。滹沱河上游修建了岗南、黄壁庄等水库，并且华北平原防洪排涝工程也基本完成，这样就进入了水资源人为掌控时期。

这一时期人地互动中"人"的因素占据相对优势。"水"资源一定程度上改变了其自然状态。当然对于这种局面的形成，地下水水资源也以相应的方式做出了对人类社会的回应。20 世纪 60 年代，开始出现地下水漏斗现象。

随着城市的发展，自然界对于人类社会的回应程度越来越强，也表明了人地活动中不和谐现象的严重程度。但是，在更多关注于经济和社会发展，忽视生态环境的历史背景之下，人们还很难改变认知，只能任其发展。从石家庄城市水环境特征来看，这一时期流经石家庄市的河流出现断流的情形，河道出现干涸现象，只能在汛期才能过水。"城市用水水源主要以地下水为

① 沈彦俊、宋献方、肖捷颖等：《石家庄地区近 70 年来伴随经济发展的水文环境变化分析》，《自然资源学报》，2007 年第 22 卷 第 1 期。

② 沈彦俊、宋献方、肖捷颖等：《石家庄地区近 70 年来伴随经济发展的水文环境变化分析》，《自然资源学报》，2007 年第 22 卷 第 1 期。

主，到1994年投产的地下水井已猛增到164眼，地下水年开采量达到$1.89 \times 10^8 m^3$。地下水位下降迅速，地下水漏斗中心水位埋深从1985年的31.32m下降到1995年的43.47m，年平均下降速度为1.1m/a"[1]。

同样，在石家庄市西部也出现了水井枯竭及地下水枯干现象。"在石家庄市城区、郊区西部沿曲寨、城东桥、大安舍、小谈到西部边界已被疏干，疏干面积达75平方公里，获鹿县山前平原区已经形成了6个枯水区，有3000多眼机井枯干，1600多眼机井只出半管水，使3万多亩水田变成旱田"[2]。

1965年，石家庄市区开始形成了以华北制药厂为中心的地下水降落漏斗，后来随着开采水量的不断增加，地下水位漏斗中心移至石家庄市第一印染厂。"地下水漏斗中心标高由1965年的52.19米降至1989年的35.33米，漏斗面积由1965年的57.5万平方公里扩展到1989年的337.2平方公里"[3]。至1990年石家庄市区地下水开采量已经感到严重紧张。因此，市政府做出引黄壁庄水库水入市建设地面水厂供城市用水的规划。

由此，地下水资源在城市化进程中发挥了极其重要的资源补给作用，但是城市化进程的加快和城市人口增加也成了对地下水超采的重要驱动因素。

此外，降水量的变化也一定程度上影响着滹沱河流域地下水环境的变化，"在过去的50多年中，滹沱河流域地下水位升降或漏斗面积的扩大和缩小都与降水量变化密切相关。以1953—2005年多年平均降水量（496.4mm）为基准，随着年降水量增加（正值），地下水位漏斗面积及其中心水位降幅都呈减小趋势；随着年降小量减少（负值），地下水位漏斗面积及其中心位降幅都呈增大趋势"[4]。

---

① 沈彦俊、宋献方、肖捷颖等：《石家庄地区近70年来伴随经济发展的水文环境变化分析》，《自然资源学报》，2007年第22卷第1期。
② 《石家庄市志》，北京：中国社会科学出版社，1999年，第102页。
③ 《石家庄市环境保护志（评审稿）》，1994年6月，石家庄市档案馆，档案号：51-9-203-1，第2页。
④ 张光辉、费宇红、张行南等：《滹沱河流域平原区地下水流场异常变化与原因》，《水利学报》，2008年第39卷第6期。

三、滹沱河流域地下水开发的经验与启示

（一）实现生态反应与决策修正相对应

从社会管理的视角看，要适时地协调好经济社会发展与生态环境变迁的关系，才能及时修正在政策和发展层面中存在的一些矛盾和问题。石家庄市根据"连年干旱，地下水、地表水补充严重不足，市里工业、乡办工业发展较快，过量开采地下水，造成地下水接近枯竭。我市的水重复利用率太低"[①]的基本情况，及时调整政策与发展规划，"1982 年以来，我市对市内工业、居民生活用水进行了综合治理，调整工业用水结构，大量投资上节水技措项目。共上节水项目 191 项，投资 1286 万元。对全市 546 个月用水 2000 吨大户以上的企业，进行改造，对工业用水大户年超过 7000 万吨总量的进行大的节水技措项目的改造"[②]。

同时利用经济杠杆促进节约用水。1982 年开始全市收取水资源开采费，同时又实行排水设施有偿使用，以及超计划用水加价收费，这样既可以以水养水，发展采水、供水事业，又促进了节水工作。

（二）确保水利规划与生态条件相一致

根据水环境变迁的实际情况，及时调整水资源开发的实施方案，以适应水环境变迁的新要求。1981 年 3 月至 12 月，无极县对县内水利基本情况进行了初步调查，形成了《无极县粗线条水利区划报告》。1982 年 3 月，该县成立水利区划办公室，进行水利资源调查和区划工作，1984 年 12 月结束。"共提交成果报告 8 篇，成果图 16 张，整理数据 9 万个"[③]。根据规划，将全县分为 3 个综合水利区，根据每个水利区不同的生态条件确定相应的水资源开发方向。"沙壤富水浅井区。区内有弥勒河、涌泉沟两条排水沟，该区域地质构

---

① 《石家庄市七届人大一次会议代表建议、批评和意见：根据市建委和环保局报告》，1988 年 1 月 24 日，石家庄市环保局档案，石家庄市档案馆藏，档案号：57 - 2 - 55。
② 《石家庄市七届人大一次会议代表建议、批评和意见：根据市建委和环保局报告》，1988 年 1 月 24 日，石家庄市环保局档案，石家庄市档案馆藏，档案号：57 - 2 - 55。
③ 《无极县志》，人民出版社，1993 年，第 190 页。

造岩性颗粒较粗，地下水补给条件较好。该区水利建设方向为积极开源，用上游引渗回灌，加强机井管理，继续修建防渗垄沟，充分发挥机井效益；中壤节水中深井区。区内有木刀沟和老磁河排干，境内有工业和城镇，需水较多。该区水利建设方向为做好地表水调配及地下水的蓄补、增打深井，合理灌溉，节约用水，制定防止污染措施等。沙壤节水浅、中井区。区内为滹沱河、滏阳河区间平原。地质岩性与沙壤富水浅井区相似，富水性较强，该区水利建设方向为加强机井管理，平整土地，改良土壤，修建防渗垄沟"①。

我们应树立科学发展的观念，合理开发和利用地下水资源。河北省曾提出"把打井作为一项战略措施来抓"的观念，石家庄地区也曾提出过，"贯彻省委的指示，石家庄、晋县、藁城等地建立了打井指挥部，晋县、深泽、获鹿、灵寿等地的党委书记亲自上井台，到现场指导。不少县提出了'向百亩一眼井进军'的口号，有的甚至提出'七八十亩一眼井'②"，因此，我们要从主观上改变对地下水资源利用的盲目态度，做到开发利用和自然规律的有机融合。

人类可以充分挖掘水资源的利用价值，但是决不要"杀鸡取卵"。地下水水位埋深无论是深还是浅都对生态环境会造成一定的影响，所以，掌握好自然规律，合理开发和利用地下水，使地下水成为人类社会发展的不竭动力是完全可以做到的。相反，如果忽视规律的存在，一味以当前利益为着眼点，自然界对人类社会的报复则是不可避免的。

20 世纪 50 年代，人们为了追求经济和社会发展的高速度，提出了"人有多大胆，地有多大产"的口号，忽视了自然规律的存在。若干年后，我们虽然做了深刻的反思，对于"鼓足干劲，力争上游，多快好省地建设社会主义"的总路线做了重新的思考，但是，历史的教训，我们需要继续吸取，以史为鉴，更多的是一种行动。

---

① 《无极县志》，北京：人民出版社，1993 年，第 78 页。
② 《石家庄地区水利志》，石家庄：河北人民出版社，2000 年，第 79 页。

第五章　并行不悖：20世纪七八十年代生态社会管理模式的历史考察与启示

生态科学管理机制的构建是维护水生态环境的重要环节，是政府宏观生态管理职能的职责所在，在维护生态健康环境中发挥着极为关键的作用。本部分以石家庄地区为例，通过对20世纪七八十年代生态环境管理进行历史考察与反思，以期对提升当前社会生态环境管理效能有所裨益。

一、构建水生态保护的科学运行机制

在生态环境治理初始阶段，人们对于如何科学有效地进行行政管理缺乏充分认识，以至于出现"无所适从"的现象，这也反映出改革开放初期，人们对于环境问题认识的相对淡化。尽管这一时期的环境污染问题其实已经相当严重。"在工作方法上存在着极大的盲目性，一个时期干什么，心中没数，手中无典型。上级抓得紧，我们就忙一阵，上级不吭声，我们就闲一阵，上面有情况，我们就抓瞎材料，积累零碎，片面，可做依据的东西少，往往是水来土墩，兵来将挡"[1]。

社会管理在维护生态环境中发挥着重要的作用，良好的社会管理制度可以有效提升生态环境质量，减少生态副作用出现的频率。"当前存在的大量环

---

① 《石家庄市环境保护办公室关于1978年度工作总结》，1978年12月28日，石家庄市档案馆藏，档案号：57-1-3。

境问题约占 1/3 都与我们缺乏管理或管理不善有关，只要加强管理，因管理不善造成的环境污染与破坏，便可以迅速减下来……据估算，现在污水排放量的 30% 到 50% 是由于管理不善造成的，这就是说，只要我们采取些措施，加强企业环境管理，大力推进环境用水和节约用水，污水量就可以减少 35% 到 50%"①。

（一）构建水生态保护的全员介入管理机制

水生态环境保护涉及社会多个管理部门，只有各个部门在行政权力实施过程中都以生态意识为出发点，尊重自然规律，形成全社会生态保持的管理理念，才能真正实现水生态保持的长久化和制度化。20 世纪 80 年代的山西省介休县工业废水排放治理即为典型案例。该县环保部门和其他部门通力协作，发挥各自职能作用，以生态维护为准线，其主要举措是：计划部门负责环境保护和各项经济社会发展事业的综合平衡计划指导；建设部门在审批基本计划时把好"三同时"② 关；工商行政管理局通过签发营业证，把好"三同时"关，并通过一年一度的定期检查，对不按规定排放污染物的企业，立刻吊销营业执照；经济部门负责限制其治理项目的把关，每季度一次检查，对无故不完成治理计划的企业给予通报批评，直至撤换其领导班子；银行和财政部门负责对征收排污费、罚款和排污费的使用进行监督；矿产部门和农业管理部门负责对煤炭基地和商品基地开发中的生态平衡和环境承载能力进行把关；科技管理部门负责环境保护科技人员的培训；工会部门负责发动群众监督，发挥社会舆论的作用；法院负责根据环境保护法，追究违法单位的法律责任；宣传部门负责环境保护的宣传教育。从实际效果来看，该县的生态管理效益明显。"这个县有县以上企业 36 个，社队企业 116 个，到目前为止，该县已经治理的工业废水量已经达到国家排放标准的废水量，分别占废水排放总量

---

① 石家庄地区环境保护工作会议会议文件之五：《郭志同志在全省环境保护工作会议上的讲话（初稿）》，1984 年 8 月 19 日，石家庄地区环境保护办公室档案，石家庄市档案馆藏，档案号：65 - 1 - 12。

② "三同时"制度：指一切新建、改建和扩建的基本建设项目、技术改造项目、自然开发项目，以及可能对环境造成污染和破坏的其他工程建设项目，其中防治污染和其他公害的设施和其他环境保护设施，必须与主体工程同时设计、同时施工、同时投产使用的制度。

的 57% 和 43%"①。

与此相反，如果社会各管理职能部门缺乏生态环保意识，就会造成环保管理部门工作上的被动，从而会造成生态环境的污染和破坏。石家庄地区在1982年"三同时"制度执行报告中曾指出，个别部门消极的生态意识是导致"三同时"不能落实到位的因素之一。"我区的新建、扩建、改建项目大部分没有按这一规定办事，没有写环境影响报告书，就有了计划和投资，甚至有的已经动工，环保部门还不知道，有的项目是到了有关部门了解到的，有的是听说到的，有的是检查时发现的，如藁城县医院、赞皇县酒厂、藁城县酒厂，这样，当我们知道后，有的已经审批，有的已经动工，有的准备试投产，有关部门的三同时把关不严，环保部门监督权就很难行使，工作很被动"②。

（二）要将生态环境保护纳入国民经济发展计划和管理轨道

"环境保护工作说起来重要，做起来不要"③。其主要表现特征为：生产主体在进行生产计划实施过程中，从生产计划的制定、生产工艺的提升和改进、生产效率的激发和奖励实施，均没有将消除生产过程中的生态破坏作为实施方案的组成部分。即使在做经济效果评价过程中，也忽视了对生态效益的考核和关注，生产项目能够坚持做到生产设计方案和生态环保方案同步进行完成的所占比例较小。

我国环保部门明确规定了"三同时"制度，即在新建、改建工程时必须提出对环境影响的报告书，经环保部门和其他相关部门审批后，才能进行设计。其中防治污染和其他公害的设施，必须与主体工程同时设计，同时施工，同时投产，各项有害物质的排放必须遵守规定的标准。但是，实际上是不执行的多，执行的少。有的厂新建时有治理项目，但是"三废"治理装置达不

---

① 石家庄地区环境保护工作会议会议文件之五：《郭志同志在全省环境保护工作会议上的讲话（初稿）》，1984年8月19日，石家庄地区环境保护办公室档案，石家庄市档案馆藏，档案号：65-1-12。

② 《关于1982年"三同时"执行情况的报告》，1982年10月20日，石家庄地区环境保护办公室档案，石家庄市档案馆藏，档案号：65-1-7。

③ 《1980年石家庄地区环境保护办公室工作总结》，1980年12月25日，石家庄市环境保护办公室档案，石家庄市档案馆藏，档案号：65-1-6。

到要求，污染仍然很严重。"如栾城县铬酸厂，自 1978 年试车至今，在没有验收的情况下变相生产，致使废渣堆积如山，地下水严重污染，东风农药厂 1976 年投产以后，废水中有机磷超标排放标准几十倍"[1]。

1980 年，石家庄地区环保机构调查发现："1980 年基建项目 48 项，总投资 2134.45 万元，其中有污染的项目 38 项，坚持"三同时"的项目 6 项，投资 1979.65 万元，占有污染项目的 15.7%，"三废"治理项目资金 35 万元，占有污染项目投资的 1.8%"[2]。

（三）健全组织设置，提升执行效率

各级环境保护机构是执行国家有关环境保护方针政策实施法令监督检查和推动本地区防治污染，保护环境的保证。"我区仅获鹿县城设有环保科，其他都是纪委和建委代管，这样就形成了下面无腿，耳目不灵，下面情况不能及时反映，上级精神不能及时传达，工作很难开展，如实行超标排放废水收费，行署 1980 年 48 号文件规定，自 1980 年 6 月 1 号起，全区实行排污收费，但是因为无环保机构，仅仅六个县开始了收费，其他十一个县未动"[3]。

二、提升社会群体的生态认知水平

从政府职能来看，关注生态环境保护的理念在改革开放之初就已经构建。"在 20 世纪 80 年代初，国家就把环境保护确立为一项基本国策，以'国务院决定的形式发布实施'，并制定了'经济建设、城乡建设、环境建设同步规划、同步实施、同步发展，实现经济效益、社会效益和环境效益相统一'"[4]。由此可见，从国家宏观管理方面已经充分意识到环境问题在国民经济发展中的重要影响。改革开放之初，石家庄市地区环保机构充分认识到生态环境问

---

① 《1980 年石家庄地区环境保护办公室工作总结》，1980 年 12 月 25 日，石家庄市环境保护办公室档案，石家庄市档案馆藏，档案号：65 - 1 - 6。

② 《1980 年石家庄地区环境保护办公室工作总结》，1980 年 12 月 25 日，石家庄市环境保护办公室档案，石家庄市档案馆藏，档案号：65 - 1 - 6。

③ 《1980 年石家庄地区环境保护办公室工作总结》，1980 年 12 月 25 日，石家庄市环境保护办公室档案，石家庄市档案馆藏，档案号：65 - 1 - 6。

④ 曲格平：《曲之探索：中国环境保护方略》，北京：中国环境科学出版社，2010 年，第 iv 页。

题的重要性。"中央领导同志三令五申要消除污染，保护环境……并制定了'全面规划、合理布局、化害为利、依靠群众、大家动手、保护环境、造福人民'的环境保护方针"①。同时，河北省相关部门也发出了相关文件来督促实施。但是在实际的工作中仍存在各种问题。"有一些单位至今还是不能够引起足够的重视，没有把环境保护纳入重要位置，既不采取措施，又不进行治理，而是年年向农民赔款，致使环境污染，没有及时进行控制，而是在继续发展"②。

改革开放之初，石家庄市环保部门能够充分地认识到生态环境保护的重要性，这是难能可贵的，但是"政策再好，如果不实行也会失去意义"③。

（一）树立对"水"生态的敬畏意识

历史上，滹沱河流域的水患给人类生产、生活带来了严重灾难。随着水环境变迁，目前，历史上的水患之灾在现代人的安全意识范围内逐渐消退，以至于对"水"的敬畏之心也逐渐淡化。以河北省藁城县为例，20世纪80年代以来，藁城县境内河道受风沙侵袭严重，再加上部分群众思想麻痹，沿河各村常有损坏河堤的现象，并且在河滩地上植树育林。"为此，水利部门年年抓堤防修复和清理树障工作。但是毁堤设障现象仍然存在，在滹沱河大堤内建有房屋3000余间，其中新兴安村整个村庄坐落在河堤内"④。

1996年，滹沱河流域发生了较大的洪水，从对洪水成因的分析中，人们发现人们水患意识的淡化是其原因之一。以河北省深泽县为例，在这次洪水中"深泽县的大梨元，安平县的里河、长汝距北大堤较近，为加强安全感，近些年向北大堤发展建房，村庄与北大堤之间仅有200—300米的宽度。由于村庄挤占了洪水通路，村庄阻水更为严重，水头加大、水

---

① 《石家庄市环境保护办公室关于1978年度工作总结》1978年12月28日，石家庄市档案馆藏，档案号：57-1-3。

② 《石家庄市环境保护办公室关于1978年度工作总结》1978年12月28日，石家庄市档案馆藏，档案号：57-1-3。

③ 曲格平：《曲之探索：中国环境保护方略》，北京：中国环境科学出版社，2010年，第iv页。

④ 《藁城县志》，中国大百科全书出版社，1994年，143页。

流集中、流速快"①。

（二）摒弃"生态与生产对立"的片面思维

在经济建设中，最大的问题在于：只讲生产观点，不讲生态观点，只顾眼前需要，不顾将来需要，只关注经济效果，不注意环境效果，只考虑部门局部利益，不考虑社会整体利益，只安排主体工程建设，不注重环保设施建设，把经济建设和保护环境对立起来，甚至不惜以破坏自然环境和资源为代价，换来所谓高速度，工厂建成之日，就是污染泛滥之时。其主要特征是"往往只从本单位、本地区的局部的、近期的生产效果考虑问题，搞生产，只强调产品质量，不注意排泄物的处理，把大自然当做"三废"的垃圾桶，任意污染环境，搞基本建设，只强调扩大生产能力，不注意资源、能源的综合利用和环境保护，搞经济核心，只计算本单位的利益，不计算整个社会的效益"②。"他们对污染问题抱着无动于衷，无能为力的态度，有的同志认为生产和治理"三废"是对立的，认为抓了治理就影响生产，妨碍生产。有的单位在全国第一次环境保护工作会议后就没有提出过有效的环境保护和治理污染的措施，有的单位连这样一次重要会议的精神也不传达，他们既不抓也没人管，一直冷冷清清，没有成效"③。

人们应强化从人类生存与发展的战略高度统筹经济发展和生态环境保护的关系，更要摒弃在自然界面前肆无忌惮的反生态短视行为。构成生态环境的各种自然因素，也是经济建设所必不可少的宝贵资源要件。所以构建良好水生态环境，是为了保存资源，也是为了给经济发展提供物质基础。反之，经济发展了，资源丰富了，技术进步了，又可为生态保护提供外部条件和支撑。所以，二者是相互促进，相互依存的。

生态意识的构建是一个循序渐进的过程，尤其是在改革开放之初，在自

---

① 李保江：《滹沱河"96·8"洪水暴露问题及分析》，《河北水利》，1997 年第 3 期。

② 石家庄地区环境保护工作会议会议文件之五：《郭志同志在全省环境保护工作会议上的讲话（初稿）》，1984 年 8 月 19 日，石家庄地区环境保护办公室档案，石家庄市档案馆藏，档案号：65 - 1 - 12。

③ 《苏佐山同志在我省环境保护工作会议上的讲话》，1977 年 1 月，石家庄地区环境保护办公室档案，石家庄市档案馆藏，档案号：65 - 1 - 1。

然界的生态容量相对较大的背景下，人们更加缺乏对自然生态的保护意识，往往把生产和环保相对立。"邯郸地区某村办了一个电镀厂，干了没几天，村里的河流成了黄水，牲口喝了水就死，人用水洗脚起疙瘩，皮肤瘙痒，由于他们不懂得环保知识，结果是全村人受害，石家庄地区栾城县铬酸厂不到两、三年的工夫，就把附近农村的地下水全部污染，很显然这都是不算经济帐、生态账的结果"①。无极县的部分干部群众对环保工作同样存在有"误解"，"我们干了这么多年，从没见过因为我厂的污染死过人；现在生产这么忙，治理污染顾不上；中国地大天大，有点污染也没啥"②。

随着自然界对人类社会的不断"报复"，人们的生态意识得以逐渐形成。"经过以往十年的努力，各级领导干部和广大人民群众，对环境和环境保护的认识，应该说是有了一个相当大的提高，十年前人们对'污染危害'，'生态平衡'等等，还很陌生"③。20世纪80年代，人们生态意识逐渐加强，尤其是在城市里"环境知识比较普及了，反映污染危害，要求保护环境的来信来访逐渐增多"④。但是，这一时期仍然存在口头重视，实际忽略的现象。"原因固然很多，但是归根结底还是有的领导干部对环境保护认识不深，没有摆到应有的位置来对待"⑤。

（三）发挥生态环境教育的教化作用

政府环保部门在行政管理实施过程中，应该充分认识到生态环境教育的

① 石家庄地区环境保护工作会议会议文件之五：《郭志同志在全省环境保护工作会议上的讲话（初稿）》，1984年8月19日，石家庄地区环境保护办公室档案，石家庄市档案馆藏，档案号：65－1－12。

② 无极县计委环境保护办公室：《加强领导，开创环境保护工作新局面》，1984年10月26日，石家庄市环境保护办公室档案，石家庄市档案馆藏，档案号：65－1－12。

③ 石家庄地区环境保护工作会议会议文件之十二：《为实现我国环境状况的根本好转而奋斗——城乡建设环境保护部部长李锡铭同志在第二次全国环境保护会议上的讲话（1984年1月1日）》，石家庄地区环境保护办公室档案，石家庄市档案馆藏，档案号：65－1－12。

④ 石家庄地区环境保护工作会议会议文件之十二：《为实现我国环境状况的根本好转而奋斗——城乡建设环境保护部部长李锡铭同志在第二次全国环境保护会议上的讲话（1984年1月1日）》，石家庄地区环境保护办公室档案，石家庄市档案馆藏，档案号：65－1－12。

⑤ 石家庄地区环境保护工作会议会议文件之十二：《为实现我国环境状况的根本好转而奋斗——城乡建设环境保护部部长李锡铭同志在第二次全国环境保护会议上的讲话（1984年1月1日）》，石家庄地区环境保护办公室档案，石家庄市档案馆藏，档案号：65－1－12。

重要性，实现行政管理和教育感化有效结合。河北省获鹿县在整顿农村社队电镀厂的工作实践中，总结出的经验是，"行政干预不是万能的，光靠行政命令工作很难做好，整顿中，我们在做好行政干预的同时，加强了环境宣传教育工作"①。获鹿县环保部门一方面宣传国家的环保政策和行政规定，一方面宣传电镀"三废"对生态环境、人体健康的危害性。同时，进一步向群众说明正确处理好眼前利益和长远利益的关系，"经过一个阶段耐心细致的工作后，规定撤销点、厂大部分很快就停产了，但是仍有的思想不通，还继续生产，有的表面上停了，背地里却还在干，面对这种情况，我们不怕麻烦继续去做工作，经过这样反复的努力，目前全县应撤销的 15 个电镀厂、点，除个别电镀点仍在做工作外，绝大部分都停产了"②。

生态环境保护是一门科学，无论是社会管理者还是被管理者都要具备相关知识背景，这样才能有效推动生态环境保护的有序发展。"一件事情要做好，先要使大家懂得为什么要这么做这件事情，怎样去做这件事情。有了统一的思想，才能有共同的语言、共同的行动"③。

加强宣传教育，以隐性教育和显性教育相结合，建立起普遍意义上的社会群体对于水环境构建的认同意识。目前，滹沱河流域的水生态环境保护宣传教育还是做了大量的工作，政府有关部门通过标语、广播、报纸等形式进行宣传和教育。但是，从基层来看，存在宣传重视和实际工作相脱离的倾向。以节约水资源为例，从调研数据来看，"您所在的地方有没有节约水资源，珍惜水资源的宣传教育？"其中回答"没有"的占到 11.69%，"有，很重视"占到 27.92%，"有，一般重视"占到 60.39%。这就说明宣传和落实的两张皮，个别地方不能够真正地把各项水环境保护措施落到实处。

---

① 《获鹿县环保科关于整顿农村社队电镀厂、点的工作报告》，1982 年 8 月 26 日，石家庄地区环境保护办公室档案，石家庄市档案馆藏，档案号：65 - 1 - 12。

② 《获鹿县环保科关于整顿农村社队电镀厂、点的工作报告》，1982 年 8 月 26 日，石家庄地区环境保护办公室档案，石家庄市档案馆藏，档案号：65 - 1 - 12。

③ 石家庄地区环境保护工作会议会议文件之四：《薄一波同志在全国第二次环境保护工作会议上的讲话》，1980 年 1 月 12 日，石家庄地区环境保护办公室档案，石家庄市档案馆藏，档案号：65 - 1 - 12。

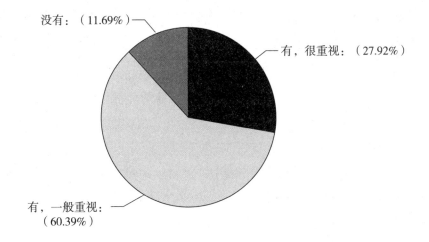

 有，很重视 　 有，一般重视 　 没有

图 5－1　"节约水资源，珍惜水资源的宣传教育"问卷情况

生态意识的构建是人类在生产活动中保持生态平衡的首要关闸，只有把生态意识真正融入主观意识中，才能有效地协调好发展和生态的辩证关系。也正是由此，"由于环境意识不高，一些可以防止的环境问题不能防止，一些可以治理的环境污染不能治理"[1]，甚至与某种层面上，公众生态意识构建的难度要远远高于从物质层面和技术层面对生态问题的影响。笔者在河北省平山县东冶沟村调研时发现，滹沱河河道内一边是保护河道的宣传标语，一边是各种侵占河道的非法建筑物和非法的采沙活动，二者形成了鲜明的对比。

在对于问题"您了解村里打井是否需要政府审批"的回答中，"需要，很严格"只占到了 22.73%，也说明个别地方对于农村水环境管理存在一定的缺失。

（四）突出乡镇企业生态管理的特殊性

乡镇企业具有自身特性。农民群体由于自身教育水平所限，缺乏相应的科学知识和生态意识，因此，农民办企业科技含量相对较低，设备较简陋，

---

① 曲格平：《曲之探索：中国环境保护方略》，北京：中国环境科学出版社，2010 年，第 395 页。

资金较短缺，环保意识淡薄。同时，乡镇企业也存在产品选择不当、厂址布局不合理、重生产轻环保问题。此外，乡镇企业投资小，见效快，转产容易，但是生态治理难度较大。由于村落的居住空间所限，往往一个小厂会危害到几个村庄，一台设备可搅扰四邻不安。乡镇企业的环境污染，直接影响到企业生产和群众正常生活。"1980 年藁城市设置环保机构以后，因污染而上访的人很少，1989 年以后，上访者就达 30 余人"①。此外，还存在企业短期行为严重的现象，"有些企业个体户只顾赚钱，单纯追求经济效益，环境问题根本不顾，以环境换取眼前的利益"②。

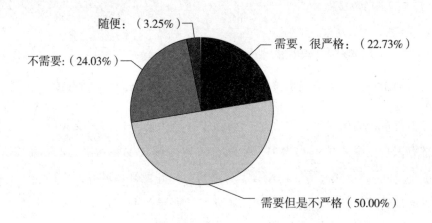

图 5 - 2　"农村水井管理现状"问卷情况

　　由此，生态环保宣传就显得愈发重要。1986 年以来，藁城市每年为有关部门订阅《中国环境报》和《环境管理通讯》等相关环保刊物，在各类公共场合设置环境保护宣传橱窗，编印了环境保护文件选编，政府部门领导在市电视台做了关于加强环保工作的电视讲话，在市党校举办的乡镇长学习班上，增加环保内容。这些举措有效地提高了全民的环境意识。

---

①　藁城市城建环保局：《加强环保管理　促进乡镇企业健康发展》，石家庄地区第四次环境保护会议材料，1990 年 3 月 5 日，石家庄地区环境保护办公室档案，石家庄市档案馆藏，档案号：65 - 1 - 63。

②　《发展乡镇企业　保护城乡环境》，石家庄地区环境保护办公室档案，1990 年 3 月 5 日，石家庄市档案馆藏，档案号：65 - 1 - 63。

制定法规政策，加强依法管理。1986 年 3 月，藁城县颁发了《乡镇街道企业环境保护暂行规定》和《乡镇街道企业实行超标排污收费的规定》，大大促进了该县的乡镇企业环保管理工作。1986 年该县召开第一次乡镇环境保护管理会议，提出新建项目，乡镇企业局、工商局和城建环保三家联合把关，环保部门主要负责的联合审批制度。

环保部门除行使行政管理职能之外，针对乡镇企业的技术相对薄弱的特点，也应提供更多环保技术的支持，从而实现企业、社会的共同受益。"藁城镇东街王志江镀锌厂外排废水中，六价铬高达每升 66 毫克，严重超过国家标准，我们为其设计了废水处理厂、沉淀池、回用池及化学处理工艺，使其外排废水中六价铬基本接近国家标准"[1]。

加强乡镇企业污染的法制化管理。根据《国务院关于加强乡镇、街道企业环境管理的规定》，河北省制定了《河北省乡镇、街道企业环境管理实施办法》、《河北省乡镇、街道企业建设项目审批权限的规定》，石家庄行署制定了《关于乡镇、街道企业环境保护管理办法》，部分县市依照国家、省关于乡镇企业管理办法，先后制定了地方法规，从而加强了对乡镇企业污染的管理，起到了积极的推动作用，产生了良好的效果。1986 年，藁城县制定了《乡镇、街道企业环境管理暂行规定》和《对乡镇、街道企业实行超标收费规定》，加强了该县的环境法制建设。

当前，我国政府各级生态环保机构已实行垂直化管理，生态管理职能日趋加强，有效提升了政府行政管理效能。当然与目前的生态形势要求相比，政府行政管理还存在较大提升空间，因此，我们应总结历史时期正反两方面的经验和做法，以史为鉴，以期为今所用。

---

① 藁城市城建环保局：《加强环保管理　促进乡镇企业健康发展》，1990 年 3 月 5 日，石家庄地区第四次环境保护会议材料，石家庄地区环境保护办公室档案，石家庄市档案馆藏，档案号：65 - 1 - 63。

第六章　变迁之变迁：和谐水生态理念的构建与实践

滹沱河流域水生态环境变迁是自然因素、社会运行机制等因素综合影响下的结果，是人类在开发和利用自然资源过程中，在多方利益冲突的情形之下难以和谐的结果。由此，应从客观的视角来研判当前滹沱河流域水环境变迁的驱动机制，并从超越自然和社会的视角提出可行性的解决路径，以期实现人地和谐的最终目的。

一、滹沱河流域水生态环境变迁的非自然驱动因素

在滹沱河流域水生态环境的驱动因素中，除了降水量改变、自然生存条件变化等自然因素外，社会运行机制驱动是其变迁的主要影响源。

（一）城乡二元结构与水生态环境变迁

20 世纪五六十年代，我国社会主义建设事业刚刚起步，水患问题和粮食安全问题都非常突出。因此，这个时期的水利投资是以农村为重点的，以确保社会稳定和健康有序发展。"我国 20 世纪 50 年代到 70 年代的水利建设投资，有 85% 花费在农业上，这是处理农村地区的发展需要，以及对国家粮食

生产的保证"①。

在粮食安全和水患危害得到基本解决以后，城市和农村的二元结构以及对应的工业和农业发展开始成为水资源利用的主导背景。从农业和工业的经济效益比来看，农业的社会产值相对较低，与下游对于水资源的工业化利用相比而言，农业灌溉的产值亩平均几百元，但是对于工业化生产来讲可以实现上千甚至上万的效益。因此，在追求更多"利益"的思维背景下，在经济与生态环境的博弈中，很显然的结果是追求经济利益占据优势。

城市优先发展的理念，一直使得农村与城市发展处在相对不对等的状态中。在水资源分配方面，城市实际处于优先地位，"这和我国在发展上采取的先城市后农村、先工业后农业的一贯做法有密切关系"②。笔者在河北省平山县东冶沟村调研时，有农民反映，现在的农业用水，不是以农业需要为准，而是在满足城市用水需要和水库管理方其他利益的前提下，才能满足农业灌溉需要。

这种不公平现象同样也体现在城市发展不平衡中，城市工业用水挤占农业用水问题现象较多。许多水资源调配，其实质上将本来水资源并不充足的农村及农业用水用来支援城市，这样就进一步加剧了农村缺水的严重程度。"引滦入津工程，就是牺牲滦河流域的农业生产用水，来保证天津的城市和工业用水的需要。北京密云水库，也是挤占问题的典型案例，它以农业供水为主体，几乎全部转让给工业和城市生活用水，同时北京还要求上游的承德停止种植费水的水稻"③。

（二）新时代生态要求与水生态环境变迁

在改革开放的历史背景下，很多产业的上马往往以忽略生态环境影响为前提，随着时代的发展，其生态破坏性逐渐凸显出来。在当前社会治理

---

① 李强、沈原、陶传进等：《中国水问题——水资源与水管理的社会学研究》，北京：中国人民大学出版社，2005 年，第 106 页。

② 高燕：《城乡水资源分配不公问题及对策》，《水利经济》，2002 年第 1 期。

③ 李强、沈原、陶传进等：《中国水问题——水资源与水管理的社会学研究》，北京：中国人民大学出版社，2005 年，第 104 页。

规则之下，需要以新的生态要求来衡量其环境影响度，很显然，这些传统产业是难以过关的。按照当前的生态要求，这些传统产业要么去适应新的生态规则，要么会被淘汰，这也就出现了传统产业与时代生态要求的博弈。

对于许多生态破坏性较强的企业，如果采取强制性的生态治理措施，人们就要充分估计强制治理之后的社会风险成本，此类企业对于社会个体而言，是其安身立命之本，从社会管理来讲，其属性应该定性为淘汰性或滞后性。1978 年，河北省束鹿县皮毛厂和纺织厂因为环境污染问题停顿修整，当地计划部门提出，继续督促该企业抓紧实施污水治理工程的同时，应该暂时恢复生产，其中一条理由即为"该厂停产前接的外贸进口铬湿牛皮五万张的进口任务，原料已经全部进厂，占压资金 112 万元，因天气超热，部分包装不严的皮已经开始发现霉坏的苗头，如再长期放下去，有霉坏变质的危险；外贸催促交货，银行催还贷款，该厂无法执行"[①]。

因此，目前来讲，开出良方其实有较大难度，需要时空转换、物质发展、社会管理等多方配合。

（三）社会若干主体的矛盾定位与水生态环境变迁

从社会个体来讲，每一个社会个体具有双重身份，一方面社会个体的生产和生活都要依赖于水环境，因此，水环境的变化直接影响到社会个体的生存条件和质量。

另一方面，由于水的公共性及社会个体生态意识的缺乏等方面的影响，部分社会个体缺少水环境敬畏意识，也会毫无意识地做出生态破坏行为。

从生产企业来看，企业以利润为追求点，在缺少监管机制的制约之下，企业鲜有主动且积极地去为减少生态破坏，为维护水生态行为买单。而作为政府部门，政府和企业存在一种管理和被管理的关系。一方面，政府要扶植企业，以促进地方 GDP 的增长，同时，也要对企业的水环境破坏行为进行监

---

① 《束鹿县革命委员会计划委员会关于皮毛厂、纺织厂汛期排水和生产问题的紧急指示》，1978 年 7 月 2 日，石家庄地区环境保护办公室档案，石家庄市档案馆藏，档案号：65 - 1 - 1。

管，这也就造成政府和企业的矛盾关系。

但是，由于现有政府绩效考核的体制之下，往往是水生态的保护服从于地方 GDP 的过分追求。这也是当前水生态环境治理难以奏效的根源所在。因此，若干矛盾点的存在一定程度上增加了滹沱河流域水生态环境治理的难度系数。

（四）物欲主义与水生态环境变迁

水环境具有公共性、非竞争性和非排他性。老子在《道德经》中说："上善若水，水善利万物而不争，处众人之所恶"。其含义在于：水善于利益万物，而不争私利，居处众人所厌恶的地方。水环境不能由任何个人独享，任何人的使用都不会排斥其他人的使用。这也如同哈丁在《公共地悲剧》一书中所讲述的，具有公共性的土地最终会出现悲剧性的结果。同样，水资源作为一种公共品，尤其是农村水环境，其公共特性表现更为突出，同样也出现了哈丁所描述的类似现象，即都会以利己主义作为指导原则。

作为水资源，具有经济功能、社会功能、生态功能等多方面的作用。人类对于其经济功能进行肆意的挖掘，而往往忽略掉了其他功能的存在。"水资源作为人类生产生活的必需因素，理所当然也成为快速消耗的对象。这样的发展观决定了经济效率高的将优先获取资源的使用权，水环境起到的生态、社会等方面的作用往往要让位于经济效率"[①]。因此，人类物欲主义能够得到更高程度的膨胀，人类在满足自身生理需求以后，对于金钱等物质的追求变本加厉，这种欲望的难以满足性造成了人类可以肆无忌惮地对环境进行破坏和践踏，而把生态、社会、可持续、子孙万代利益等都可以置之不理。

以经济发展为一种借口，牺牲水环境，事实上也能换来地方 GDP 的增长和区域群体的生存和发展。但是，这种貌似繁荣的背后，事后的"买单"似乎很少有人去关注，同时人们还要去面对子孙后代的生存问题。

---

① 杨继富、李久生：《农村水环境管理》，北京：中国环境出版社，2013 年，第 83 页。

二、滹沱河流域和谐水环境生态模式的构建

（一）西方水生态保护理念的借鉴

他山之石，可以攻玉。我国的水资源利用效率和西方发达国家相比，还是存在一定的差距。因此，提高水资源利用率是有效改善水生态环境的重要途径。"我国目前的总用水量和美国总用水量大体相当。但我国所创造的 GDP 仅为美国的 1/2，我国农田灌溉水利用系数为 0.4 左右，而先进国家农田灌溉水利用系数大约为 0.7 到 0.8。我国的工业用水重复利用率为 50%—60%，而发达国家的工业用水中重复利用率大约 75%—85%，全国多数城市用水器具与自来水管网的浪费损失率估计在 20% 以上"[①]。

和西方国家相比，我国对于水生态治理的关注介入时间是较早的，这样可以有充分的时间来提高水生态的治理水平，提高水生态质量。"中国在经济发展水平还比较低的情况下，就开始了大规模的水环境整治，发达国家在人均收入达到一万美元以后，即经济进入了高速阶段以后，才开始大规模整治水环境，中国在 20 世纪 90 年代在人均收入水平还不到一千美元的情况下，就开始大规模整治水环境"[②]，这就为水生态治理赢得了绝对的主动权。

从西方农业发展历程来看，污水利用仍然是农业发展的重要动力源之一。污水处理以后的水资源是农业用水的主要来源之一。"美国已建成了 3400 多个污水再利用工程，污水回用量达到 260 万 m^3/d 其中 62% 用于农业灌溉，30% 用于工业，其余用于城市设施和地下水回灌；在 50 多个州中，有 45 个州进行污水灌溉"[③]。

以色列同样对于农业的污水利用非常重视。以色列本身的水资源也非常短缺，1972 年，"以色列建设了国家污水再利用工程，开始大规模污水利用，

① 何慧爽：《河南省水资源与社会经济发展交互问题研究》，北京：中国水利水电出版社，2015年，第 3 页。

② 王亚华：《中国水利发展阶段研究》，北京：清华大学出版社，2013 年，第 162 页。

③ 杨继富、李久生：《改善我国农村水环境的总体建议和思路》，《中国水利》，2006 年第 5 期。

目前该国污水使用率达到了 70% 以上，其中 42% 用于农业灌溉，30% 用于地下水回灌，其余用于工业以及市政等"①。

当然，做好污水再利用的前提是把污水灌溉的污染减少到最低，这样才能最大限度发挥污水的再利用作用。这也是有前车之鉴的。"石家庄市区东部有一条总退水渠，兴建于 1956 年，取名为'东明渠'，原排水多为生活废水，有一定的肥效，沿渠农民多用水泵抽水灌田，增产效果十分明显。在 50—60年代污水灌溉以栾城县为主，先后开挖支渠 9 条，长 37 公里，配套进水闸，斗门 25 座，灌溉面积达 12 万亩。到了 70 年代初，污水灌溉又扩大到了正定县南部和赵县"②。

但是，由于污灌技术的相对落后，出现了农作物被污染情况，所以，"进入 80 年代以后，老污灌区的污染后果日益暴露，正定县平毁了污灌渠系，栾城污灌面积缩小到了 5 万亩，大部分恢复井灌"③。

石家庄市环保部门也曾提出过，对于污水灌溉要加强有害物质的监管，以免农作物受到污染。"通过调查，我们认为污水的成分是比较复杂的，不化验，就直接使用是非常危险的，如 1969 年市农药厂的敌百虫并未投产，南位（村）却发现了百亩以上的小麦因为灌溉而受害，这说明污水中使小麦受害的物质非常多，盲目使用，是会出问题的"④。

从法治的视角看，加强法律介入的程度，以法治体系的构建来为水生态环境的健康发展保驾护航，国外一些国家的做法值得去借鉴和反思。日本对于与水相关的公共标准制定非常严格。同时，能够做到分门别类，针对包括河流、海洋和沿海地做了不同的环境质量标准；法国将水生态理念以法律保障的形式确定下来，对于相应的责任划分做了明确的界定。

发挥科技因素在水利工程的作用，尽力避免或减缓水利工程中生态破坏现象的出现。在使得水利工程满足安全和经济需求之外，做到与自然的和谐相处。如"通过适当的季节性调整等措施，帮助实现鱼类洄游繁殖，通过两

---

① 杨继富、李久生：《改善我国农村水环境的总体建议和思路》，《中国水利》，2006 年第 5 期。
② 《石家庄地区水利志》，石家庄：河北人民出版社，2000 年，第 326 页。
③ 《石家庄地区水利志》，石家庄：河北人民出版社，2000 年，第 326 页。
④ 《石家庄市环境保护办公室关于我地区部分小麦受害情况的调查报告》，1977 年 5 月 20 日，石家庄市环境保护办公室档案，石家庄市档案馆藏，档案号：57-1-3。

岸的植被恢复，达到清洁水质等目的"①。美国的自然公园数量举世闻名，"这些自然公园成为美国战略性的生态屏障，保护了美国的主要河流源头的生态环境，为实现水资源科技持续发展提供了重要的保障"②。

（二）把握水生态环境变迁的滞后性特征，切勿因噎废食——兼论类似命运下的咸海地区水生态环境变迁的历史启示

和滹沱河流域水利工程作用下的生态环境变迁类似，咸海地区也出现过类似情况。咸海位于中亚的荒漠地带，地处乌兹别克斯坦和哈萨克斯坦两国交界处的图兰平原。咸海是中亚沙漠中心的最大水面，曾是世界上第四大湖泊，仅次于里海、苏必利尔湖和东非的维多利亚湖。

为了发展农业生产，苏联在咸海地区兴建了大规模的水利建设工程，修建水库和水利发电站，发展灌溉农业，使之成为苏联巨大的"粮仓"。由于过度的水利建设和农业发展，该地区生态环境恶化，诸如河水水质改变、地下水水位下降、盐碱化土地面积增加、动植物种类变迁等。

1. 树立可持续发展的理念。从咸海流域发展的过程来看，"二战"以前就开始了水利工程建设，发展灌溉农业，但是发展速度相对比较滞后与适度，因此对于生态环境的影响表现不是很明显。"二战"以后，特别是1965—1980年，咸海地区的水利开发及农业发展速度出现了高速的增长和发展，虽然促进了整个社会的经济和社会发展，但是对水资源的消耗也是有目共睹的。所以，单纯的依靠资源的发展不具备可持续性。一旦资源消耗殆尽，其后续发展很难继续。

2. 把握滞后性的特征。基于生态环境的反馈的滞后性这一特征，应未雨绸缪、站在长远的角度审视全社会发展问题。

水利工程对于经济和社会发展的积极作用可以立竿见影，通过农业灌溉，农业产量的增加是可以很快体现出来。而对于其负面作用的反馈速度则是需要一定时间的积累才能够体现出来的。

---

① 王亚华：《中国水利发展阶段研究》，北京：清华大学出版社，2013年，第14页。
② 王亚华：《中国水利发展阶段研究》，北京：清华大学出版社，2013年，第14页。

咸海地区的水利工程建设对社会经济的正面影响是迅速的。卡拉姆运河一期工程建设投入生产，当年就增加了棉花和粮食生产，一期工程经济效益当年就显现了出来，而由于水利工程所带来的负面影响却没有明显的表现，以至于其后期工程接连上马。"1974 年人们发现咸海沿岸生态发生变化，咸海的捕鱼量减少，船舶航行越来越困难，但通过疏浚还能行船，人们还是没有特别在意，认为引用水资源的经济效益大于负面影响，因此，继续截流引用水资源来发展农业生产"①。

3. 切勿因噎废食。尽管水利工程建设在为人类生产带来更多促进的同时，会产生很多负面的生态环境变迁，但是，人们也不应该因噎废食，而是应该从多方面入手，趋利避害，尽力发挥其积极作用，减少其对生态环境的破坏作用。

同西方国家相比，我国的水资源利用率相对是比较低的。在水能资源开发上，我国是世界上水能资源最丰富的国家。但是，"到 2003 年末，我国只开发了 24.4% 的水能资源，而在大多数发达国家，水能资源的开发利用率极高，有的发达国家高达 90% 以上"②。

所以，尽管目前在水利开发过程中出现了若干生态环境问题，但是，从技术条件和资源条件来看，仍有巨大的"潜能"可以开发和利用，应做到趋利避害，扬长避短。

（三）构建社会多层级水生态运行保障机制

对于农村水生态环境保护，农民群体表达了强烈的意愿，希望能够切实改变和提升其生态环境条件，提升生存质量和水平。从调研数据来看，对于"您希望有关部门提供农村水环境治理服务吗"问题的回答，其中回答"十分强烈"占到 74.03%；"不需要"占 4.55%；"一般"占 20.78%；"可有可无"占 0.65%。这说明农民群体对于水生态环境保护有强烈的愿望。

---

① 杨立信编译：《水利工程与生态环境》，郑州：黄河水利出版社，2004 年，第 157 页。
② 杨立信编译：《水利工程与生态环境》，郑州：黄河水利出版社，2004 年，第 157 页。

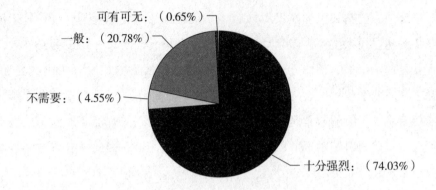

十分强烈　　不需要　　一般　　可有可无

图 6 - 1　"您希望有关部门提供农村水环境治理服务吗"问卷情况

同时，对于如何构建水生态环境保护机制，人们对于政府主导和集体组织赋予了更多的期望。从"您希望农村水环境服务的主体"问题的回答中，对于"政府供给"的回答占到了 42.86%，"集体供给"的回答占 27.92%；"企业化市场供给"占 12.34%；"合作供给"占 16.88%。

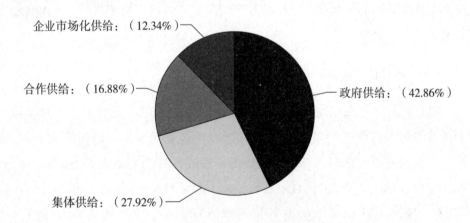

政府供给　　集体供给　　合作供给　　企业市场化供给

图 6 - 2　"您希望农村水环境服务主体"问卷情况

此外，对于是否能够从经济利益方面为改善水生态环境做出投入，人们的态度也是比较明确的。在回答"您愿意为有关部门提供的水环境治理服务付出一定的费用吗"时，"不情愿"的回答占到14.29%，"一般"占52.6%，非常愿意占33.12%。也就是说，绝大多数群体还是可以接受个人为改善水生态环境进行投入的，也反映出在经济社会发展到一定阶段，人们对于改变和提升其生存环境质量的意愿。

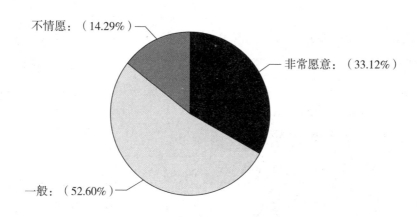

图6-3 "水环境治理服务支付意愿"问卷情况

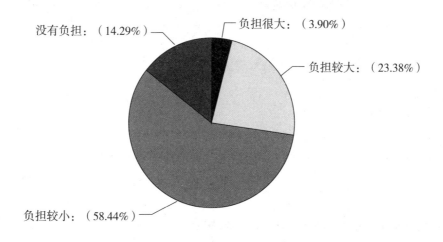

图6-4 "水费负担情况"问卷情况

当然，从价格杠杆的视角，政府有关部门也可以适当以水价的调整来加强对水环境的管理和保护。从目前水价来看，现在还很难从个体利益的角度来增强社会个体对水资源的节约意识和保护意识。从调研来看，对于问题"对目前的水费标准，您觉得负担大不大？"的回答中，"负担很大"占3.9%；"负担较大"的占23.38%；"负担较小"的占58.44%；"没有负担"占14.29%。

同时，在对于问题"您认为造成当前水资源紧张的原因是"的回答时，"水资源浪费现象比较严重"占58.44%，这也说明日常生活中人们相对缺少节约水资源意识。因此，适当的价格杠杆的运用是可以起到一定的作用的。

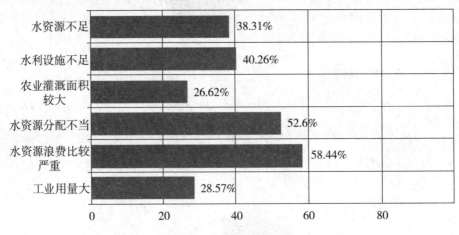

图 6 - 5　　"当前水资源紧张的原因"问卷情况

由此，社会各群体具有较强的水生态保护意愿，并愿意为之付出一定的生态维护成本。同时，他们也更寄希望发挥政府的主导作用，凭借一定的经济和社会管理手段，构建以政府为主导、社会各个群体积极参与的多层级社会水生态保护机制。

（四）协调流域的自然属性与行政管辖属性的博弈

由于水的自然属性与行政区划属性的矛盾，导致了区域之间水的"争夺"问题，因此，对于水的管理和利用要充分考量其流域性的属性，尽力协调好其行政管理属性与自然属性的关系。以黄河为例，20 世纪 90 年代，存在着有悖于生态特性的管理模式。黄河的管理"实行的是各自为政，分割管理，沿黄各个地区都有权力开口子取水和进行其他方面的开发，把一个完整的生态系统搞得支离破碎，当前黄河流域出现的诸多问题都与此有关"[1]。

早在 20 世纪 60 年代，滹沱河流域河北段有关地方以协议的方式，本着既有利于水利生态发展、减轻水患之害，又本着大局意识、团结的层面尽力协调好行政区属之间的利益关系。1962 年 1 月 3 日，石家庄专区与沧州专区签署了《关于滹沱河泛区的使用协议》，石家庄专区水利局和沧州专区水利局签署了《关于滹沱河泛区使用的补充协议》。

此外，滹沱河沿河流相关县也签署了有关滹沱河排水和利用的协议。如衡水冀县和石家庄市束鹿县签署了《对边界水利问题的处理意见》、《滹沱河古道排水协议》；石家庄市正定县和藁城县签署了《关于解决正定与藁城排水矛盾的协议书》；石家庄藁城县与赵县签署了《关于解决藁城与赵县排水矛盾的协议书》；石家庄束鹿县和衡水市深县签署了《深县、束鹿县边界排水协议》。这些边界协议中就提出了"边界所有水利工程都必须按照流域、按照水域统一规划或上下协商"和"所有未经规划或协议或者过去虽经规划、协商但兴建后发现问题存在的边界水利工程均应按'上下兼顾、权衡利害、团结治水、有利生产'的原则"[2]。

2004 年山西省繁峙县和代县之间出现了由于"水资源分配"引发的水事纠纷案例。峨河系滹沱河一级支流，源于五台山主峰北台顶下，从上至下流经繁峙县的 3 个乡镇和代县的 1 个乡镇。

由于峨河水资源比较丰富，而其上游繁峙县山高坡陡，土地贫瘠，对于水资源的利用和开发相对比较滞后。为了更好地利用水资源，扩大下游灌溉面积，根据流域规划，在代县境内峨口镇附近干流上修建了峨河无调节水利工程。共解决了"峨河灌区 2.68 万亩农田灌溉和改善代县北坡 P = 50% 年份6.5 万亩，P = 75% 年份 3.5 万亩的水浇地面积"[3]。

随着农村产业结构的改变及机构改革，为逐步退耕还林还草，以达到优

---

①　曲格平：《曲之探索：中国环境保护方略》，中国环境科学出版社，2010 年，第 185 页。

②　《石家庄、沧州专区及滹沱河沿岸各县关于滹沱河使用、排水边界水利问题的处理意见、协议书》，1968 年 1 月 8 日，石家庄市档案馆藏，档案号：53 - 1 - 19。

③　《忻州水利志》太原：山西出版传媒集团、山西人民出版社，2015 年，第 397 页。

化生态环境的目的，2004 年 4 月，繁峙县决定将峨河上游的三个乡镇合为一体，部分村民将移民搬迁至临近乡镇。所以，繁峙县为了解决农业灌溉问题和农民用水问题，提出在峨河上游下峨河村打洞引水，跨峨河流域调水到附近的乡镇。但是，这一规划遭到下游代县的坚决反对。矛盾由此产生。

在忻州市有关部门的协调下，提出如下解决方案：首先，工程要停工。并提出"由水利行政主管部门对峨河水资源的开发和利用进行全面规划和工程设计，在规划设计未经批准前仍维持利用现状"[1]。这一措施体现了水流域管理中突出流域的自然属性的特点，这也应该是整个流域水资源分配、利用和开发首要的考量因素。

其次，充分体现"以人为本"的理念，要把维护流域水资源与解决民生相结合。"鉴于繁峙县光裕堡乡 8 村人存在有人畜饮水困难的实际情况，在双泉岭引水隧道工程停工以后，采取对现有工程进行完善配套和更新改造的工程方案解决光裕堡乡人畜饮水困难问题"[2]。

滹沱河流域的水生态管理要树立全流域观念，以尽力克服由于行政区划给水生态保持所带来的负面效应。"流域的综合管理要高度重视协调上下游关系、左右岸的关系，正确处理好生产、生活和生态用水的关系……"[3]。

综上，滹沱河流域水环境变迁牵涉社会发展的方方面面，现状是多种驱动因素综合作用下的结果。正因如此，人们在试图提出解决路径的时候也需综合考量多方的因素关联。

---

[1] 太原：《忻州水利志》，太原，山西出版传媒集团、山西人民出版社，2015 年，第 397—398 页。

[2] 《忻州水利志》，太原：山西出版传媒集团、山西人民出版社，2015 年，第 398 页。

[3] 汪恕诚：《人水和谐 科学发展》，北京：中国水利水电出版社，2013 年，第 324 页。

结　论

新中国成立 70 年来，滹沱河流域水环境发生了巨大变迁，它反映出了流域人地关系互动的历史过程。

水资源推动流域社会的发展和进步。人们在向自然界获取能量的过程中，在社会生产、筑坝修库和地下水开发中，自觉或不自觉的行为造成了人地关系的不和谐，出现了流域水生态环境变迁下自然与社会之变。

同时，流域水生态环境变迁是一个复杂的历史过程，在特征表现和驱动因素上分为自然特征和社会特征两个方面。所以，深层生态学提出，对于污染问题的关注，不仅关注于对人类的污染，更要关注整个生物圈。从对滹沱河流域水环境变迁的考察来看，也存在类似的问题，人们更多关注于水环境变迁对人类的生产和生活所带来各种影响，而忽视其对于整个生物圈其他物种的影响。

从社会运行机制的视角，以下尤应引起人们的反思：

市场经济的出现促进了社会经济的发展和进步，但是由此所带来的"逐利性"也使人们在经济活动中对于"利"过分追逐；再加上流域的"公共性"，进一步加剧了流域水生态环境的变迁。

消费方式的改变造成了水资源消耗的增加。随着生产力的发展，人们对于物质的追求也随之升级，更多耗水型产品的出现及普及率的提高大大增加了流域水资源的消耗。

公众的政治参与是维护生态环境的重要一环，公民生态意识的普及和增强是当前亟待加强的重要一环，这也是构建水生态保护"人民防线"的关键所在。

水环境的变迁既然是由若干因素造成的，如生产技术的进步、社会管理机制、社会心态、道德规范等。所以，"解铃还须系铃人"，从问题的解决来看，不仅仅要通过科技的融入，以技术手段来降低水体污染的程度，如提高水资源利用和开发效率，提高生产技术和水平，减少人类生产对生态环境的破坏力等；同时也要多种举措共同实施，从社会运行机制、生态意识培养、管理模式改变等方面着手。某种意义上讲，非技术因素的解决方案是从根本上解决流域水环境问题的所在，同时也是难点所在。

其实，问题的解决难度远远超乎想象。但是，解决问题也是滹沱河流域水环境变迁研究的归宿和结果。本书力图从解决问题的视角来作为一个结局，但是其中既有"务实"又有"务虚"的解决之道，这种"无奈"和"囧局"其实也是滹沱河流域水环境变迁的另外一个参照。

本书试图实现自然科学和社会科学研究方法的融合，但是由于笔者能力和水平所限，对于自然科学研究方法的融入还是浅尝辄止，田野调查为本文写作提供了一手素材，亲身体会到"没有调查，就没有发言权"，也深刻领会到了毛泽东以"游学"的方式完成了《湖南农民运动考察报告》的意义所在。但是获取的信息量，还远远不够，需要进一步细化方案，整合资源，获取更多的一手素材，这也是今后应该努力弥补的。

此外，滹沱河流域水环境变迁与其他类似流域之间的横向对比，应突出探讨不同历史分期背景下人类活动与自然因素的交织过程是，这以后应继续深化研究的方向。

参考文献

档案

［1］石家庄市档案馆档案：《市环保局、市纪委、市污调办等四家关于工业污染调查实施办法及有关规定》，档案号：57－1－42。

［1］石家庄市档案馆档案：《市环保局1988年市县区环保会议讲话资料》，档案号：57－1－46。

［2］石家庄市档案馆档案：《市环保局关于市内17家单位环境影响报告书的批复》，档案号：57－1－52。

［3］石家庄市档案馆档案：《市水资源评定委员会、市环保局、中国环境报关于黄壁庄电厂评定意见》，档案号：57－1－54。

［4］石家庄市档案馆档案：《市环保局烟囱污染防治锅炉排烟问题决定意见》，档案号：57－1－56。

［5］石家庄市档案馆档案：《1987年度石家庄市环境质量年报》，档案号：57－1－58。

［6］石家庄市档案馆档案：省环保局转发《国家环保局基本建设投资管理办法》《河北省城市环境综合整治定量考核实施细则》通知，档案号：57－1－59。

［7］石家庄市档案馆档案：《国家环保局、李鹏、宋健、曲格平第三次全国环境保护会议讲话》，档案号：57－1－61。

［8］石家庄市档案馆档案：《河北省第四次环境保护材料发言稿》，档案

号：57 - 1 - 63。

[9] 石家庄市档案馆档案：《市环保局关于利平织物厂、铁丝厂、黄磷厂、搪瓷厂环境污染的处理意见》，档案号：57 - 1 - 31。

[10] 石家庄市档案馆档案：《市环保局工业废水处理实施及效益分析典型材料》，档案号：57 - 1 - 25。

[11] 石家庄市档案馆档案：《市环保局水源及饮用水水源保护办法》，档案号：57 - 1 - 71。

[12] 石家庄市档案馆档案：《国家环保局关于批准〈农药安全使用标准〉为国家标准的通知》，档案号：57 - 1 - 72。

[13] 石家庄市档案馆档案：《国家医药管理局关于全国医药工业环境保护座谈会、通知、会议纪要、会议材料》，档案号：57 - 1 - 80。

[14] 石家庄市档案馆档案：《省环保局关于做好执行〈水中氰的分析方法〉和国家标准准备工作的通知》，档案号：57 - 1 - 86。

[15] 石家庄市档案馆档案：《省农业厅、井陉县关于农田噪声污染、乡镇企业水污染防治政策规定》，档案号：57 - 1 - 20。

[16] 石家庄市档案馆档案：《省环保局转发全国第四次环境监测工作会议的三个文件、1990 年征收排污费工作情况》，档案号：57 - 1 - 89。

[17] 石家庄市档案馆档案：《市环保局关于市环保工作、市排放水许可证总结材料》，档案号：57 - 1 - 94。

[18] 石家庄市档案馆档案：《市卫生局，省、市环保局转发冀卫药 (91) 9 号文件河北省试行水污染物排放许可证工作情况等通知》，档案号：57 - 1 - 95。

[19] 石家庄市档案馆档案：《落实造纸企业治理整顿及发展规划会议》，档案号：57 - 1 - 97。

[20] 石家庄市档案馆档案：《市环保局关于市东西明渠污染物总量控制研究课题讨论、乡镇企业污染源调查工作》，档案号：57 - 1 - 111。

[21] 石家庄市档案馆档案：《石家庄市环保局重点工业污染源排放状况报告》，档案号：57 - 1 - 148。

[22] 石家庄市档案馆档案：《石家庄市环保局关于石家庄市平山岗黄水

库水源地地下水环境污染状况调查及污染防治》，档案号：57 - 1 - 221。

[23] 石家庄市档案馆档案：《石家庄市环境保护局转发地面水环境质量标准非离子氨换算方法及空气质量二氧化硫测定标准的通知》，档案号：57 - 1 - 225。

[24] 石家庄市档案馆档案：《石家庄市环保局关于鹿泉焦化厂、垃圾卫生填埋场及无极牛辛庄制革几种生产区环境影响评价大纲的批复》，档案号：57 - 1 - 234。

[25] 石家庄市档案馆档案：《石家庄市环保局对总退水渠、岗黄水库、运输总公司锅炉房等几家污染情况的汇报》，档案号：57 - 1 - 236。

[26] 石家庄市档案馆档案：《石家庄市环境保护局关于对市府督查污染事项的处理报告》，档案号：57 - 1 - 233。

[27] 石家庄市档案馆档案：《石家庄市环境保护局关于环境宣传问题及国家环保局举办中小学校长环境教育研讨班的通知》，档案号：57 - 1 - 242。

[28] 石家庄市档案馆档案：《石家庄市环境保护局关于取缔无极县小制革企业的通知》，档案号：57 - 1 - 248。

[29] 石家庄市档案馆档案：《石家庄市 1995—2010 碧水蓝天绿地计划实施方案》，档案号：57 - 1 - 250。

[30] 石家庄市档案馆档案：《石家庄市环保局关于对乡镇工业污染控制的重点进行环保执法检查及落实〈国务院关于环境保护若干问题的决定〉的通知》，档案号：57 - 1 - 257。

[31] 石家庄市档案馆档案：《石家庄市环保局关于生活垃圾填埋污染控制标准的通知》，档案号：57 - 1 - 288。

[32] 石家庄市档案馆档案：《地区环保所关于水库、河流水质监测总结》，档案号：65 - 1 - 2。

[33] 石家庄市档案馆档案：《地区环保办关于行唐县东霍同村水井被污染的调查与监测情况》，档案号：65 - 1 - 35。

[34] 石家庄市档案馆档案：《新乐县工业污染调查报告》，档案号：65 - 1 - 111。

[35] 石家庄市档案馆档案：《石家庄市环境保护办公室 1978 年工作总结》，档案号：65 - 1 - 4。

［36］石家庄市档案馆档案：《石家庄地区环境保护工作会议文件之五：〈郭志同志在全省环境保护工作会议上的讲话（初稿）〉（1984 年 8 月 19 日）》，档案号：65 - 1 - 12。

［37］石家庄市档案馆档案：《关于 1982 年"三同时"执行情况的报告》，档案号：65 - 1 - 7。

［38］石家庄市档案馆档案：《1980 年石家庄地区环境保护办公室工作总结》，档案号：65 - 1 - 6。

［39］石家庄市档案馆档案：《郭志同志在全省环境保护工作会议上的讲话（初稿）》（1984 年 8 月 19 日），档案号：65 - 1 - 12。

［40］石家庄市档案馆档案：《苏佐山同志在我省环境保护工作会议上的讲话》（1977 年 1 月），档案号：65 - 1 - 1。

［41］石家庄市档案馆档案：无极县计委环境保护办公室：《加强领导，开创环境保护工作新局面》，档案号：65 - 1 - 12。

［42］石家庄市档案馆档案：《石家庄地区环境保护工作会议文件之十二：〈为实现我国环境状况的根本好转而奋斗——城乡建设环境保护部部长李锡铭同志在第二次全国环境保护会议上的讲话〉》（1984 年 1 月 1 日），档案号：65 - 1 - 12。

［43］石家庄市档案馆档案：《获鹿县环保科关于整顿农村社队电镀厂、点的工作报告》，档案号：65 - 1 - 12.

地方志

［1］《河北省志·自然地理志》，石家庄：河北科学技术出版社，1993 年。

［2］《河北省志·环境保护志》，北京：方志出版社，1997 年。

［3］《河北省志·冶金工业志》，北京：冶金工业出版社，1994 年。

［4］《河北省志·纺织工业志》，北京：方志出版社，1996 年。

［5］《河北省志·水利志》，石家庄：河北人民出版社，1995 年。

［6］《海河志》（1—4），北京：中国水利水电出版社，1998 年。

［7］《石家庄地区水利志》，石家庄：河北人民出版社，2000 年。

［8］《石家庄地区志》，北京：文化艺术出版社，1994 年。

［9］《石家庄市环境保护志》，北京：中国画报出版社，1995 年。

［10］《藁城县志》，北京：中国大百科全书出版社，1994 年。

［11］《深泽县志》，北京：方志出版社，1997 年。

［12］《新乐县志》，北京：中国对外翻译出版公司，1997 年。

［13］《获鹿县志》，北京：中国档案出版社，1998 年。

［14］《晋县志》，北京：新华出版社，1995 年。

［15］《平山县志》，北京：中国书籍出版社，1996 年。

［16］《无极县志》，北京：人民出版社，1993 年版。

［17］《深县志》，北京：中国对外翻译出版公司，1999 年。

［18］《衡水市水利志》，石家庄：河北人民出版社，1995 年。

［19］《沧州市水利志》，北京：科学技术文献出版社，1994 年。

［22］马月林：《滹沱河灌区水利志》，太原：山西人民出版社，2006 年。

［23］张建新：《定襄民俗文化志》，北京：中国文史出版社，2006 年。

［24］《忻州水利志》，太原：山西人民出版社，2015 年。

［25］《辛集皮毛志》，北京：中国书籍出版社，1996 年。

［26］《献县交通志》，石家庄：河北人民出版社，1988 年。

［27］《漳卫南运河志》，天津：天津科学技术出版社，2003 年。

［28］《献县水利志》，北京：和平出版社，1994 年版。

［29］《定襄县志》，北京：中国青年出版社，1993 年。

［30］《正定县志》，北京：新华出版社，2009 年。

［31］《辛集市城乡建设志》，北京：中国建筑工业出版社，1994 年。

［32］《无极县地名资料汇编》，1983 年。

［33］《安平县地名资料汇编》，1983 年。

［34］《献县地名资料汇编》，1983 年。

［35］《深县地名资料汇编》，1984 年。

［36］《沧县地名资料汇编》，1983 年。

［37］《深泽县地名资料汇编》，1983 年。

［38］《石家庄市地名志》，石家庄：河北人民出版社，1986 年。

报纸

［1］侯节：《盂县梁家寨乡力保滹沱河河畅水清》，《阳泉日报》2018 年

3 月 16 日。

[2] 杨晋林：《定襄：滹沱河万亩生态湿地经济带显雏形》，《忻州日报》2018 年 2 月 24 日。

[3] 江汉冰：《昔日脏乱不堪　今朝垂柳依依》，《团结报》2018 年 1 月 16 日。

[4] 张文君：《建设"生态绿核"　迈向"拥河发展"》，《河北日报》2017 年 12 月 24 日。

[5] 齐广君：《锲而不舍 攻坚克难 高质高效推进滹沱河生态修复》《石家庄日报》2017 年 12 月 14 日。

[6] 张文君：《省会滹沱河：昔日荒滩起碧波》，《河北日报》2017 年 9 月 16 日。

[7] 郑铭经：《 董一兵督导滹沱河河长制工作》，《阳泉日报》2017 年 8 月 15 日。

[8] 张铭贤：《滹沱河水质首次出现拐点》，《中国环境报》2017 年 2 月 13 日。

[9] 靳晓磊：《滹沱河滨水生态公园有了"吸水海绵"》，《石家庄日报》2016 年 11 月 25 日。

[10] 齐广君：《强力推进省会滹沱河北岸建设发展》，《石家庄日报》2016 年 10 月 15 日。

[11] 高新国：《为了"太阳照在滹沱河上"》，《人民政协报》2016 年 9 月 26 日。

[12] 张铭贤：《严厉打击污染环境行为》，《中国环境报》2016 年 6 月 23 日。

[13] 刘永：《饮用水保护区建起别墅群　谁是受益方？》，《中国经营报》2016 年 5 月 16 日。

[14] 段丽茜：《两河主要污染物指标达Ⅳ类水标准》，《 河北日报》2016 年 3 月 23 日。

[15] 张明：《忻州繁峙县水利局用农田水利"杠杆"撬动经济》，《科学导报》2015 年 12 月 18 日。

［16］高君：《在生态治理中推进绿色发展》，《山西政协报》2015 年 12 月 18 日。

［17］宋美倩：《统筹城乡绿化　普及生态文化》，《经济日报》2015 年 11 月 6 日。

［18］靳晓磊：《新建提升绿地 870 万平方米》，《石家庄日报》2015 年 10 月 22 日。

［19］段丽茜：《7 县（市、区）水污染要彻底整治到位》，《河北日报》2015 年 6 月 3 日。

［20］杨虎乐：《一心兴水利　为民增福祉》，《科学导报》2015 年 5 月 29 日。

［21］高原雪：《滹沱河将变身省会醉人"氧吧"》，《河北日报》2014 年 11 月 30 日。

［22］靳晓磊：《滹沱河两岸将现生态绿廊》，《石家庄日报》2014 年 11 月 17 日。

［23］谢鸿喜：《历史长河中的滹沱河》，《发展导报》2014 年 9 月 16 日。

［24］雷士武：《河北滹沱河：石家庄水源地深陷高尔夫污染之忧》，《中国经营报》2014 年 5 月 31 日。

［25］周迎久：《把滹沱河打造成绿色屏障》，《中国环境报》2014 年 5 月 29 日。

［26］聂生勇：《昔日乱沙坑今朝水景观》，《中国水利报》2013 年 6 月 14 日。

［27］张文君：《省会将提高环境质量和污染源监管效率》，《河北经济日报》2013 年 4 月 15 日。

［28］王峻峰：《石家庄环省会生态景观建设提速》，《河北日报》2013 年 2 月 26 日。

［29］蔺红：《原平市滨河东西路扮靓滹沱河生态经济带》，《忻州日报》2012 年 8 月 11 日。

［30］白如光：《滹沱河出境水质近 20 年来首次达到一类标准》，《忻州日报》2010 年 12 月 18 日。

［31］ 王峻峰：《省会北部大旅游圈加速形成》，《河北日报》2010 年 10 月 26 日。

［32］ 张跃彬：《滹沱河城市中央生态游憩区》，《石家庄日报》2010 年 10 月 24 日。

［33］ 董立龙：《省会扩张跳出"摊大饼"》，《河北日报》2010 年 9 月 18 日。

［34］ 张跃彬：《北跨：城市的河流情结》，《石家庄日报》2010 年 9 月 18 日。

［35］ 马朝丽：《省会滹沱新区布局结构确定》，《河北日报》2010 年 8 月 19 日。

［36］ 齐广君：《滹沱河美景需要大家共同呵护》，《石家庄日报》2010 年 7 月 15 日。

［37］ 陈永生：《城市北跨，滹沱河林场迎接重生》，《中国绿色时报》2010 年 7 月 13 日。

［38］ 董立龙：《四水供滹沱　省会现水景》，《河北日报》2010 年 7 月 5 日。

［39］ 石丽珠：《省会滹沱河市区段全线通水》，《河北日报》2010 年 7 月 2 日。

［40］ 张文君：《母亲河重奏蓝色交响》，《河北经济日报》2010 年 7 月 1 日。

［41］ 曹丽娟：《省城北部初现"江南景色"》，《河北日报》2010 年 4 月 15 日。

［42］ 乔伟：《妙手染就滹源景　一河秋色入画卷》，《新农村商报》2010 年 3 月 10 日。

［43］ 班彦钦：《忻州：笑看清水出"两河"》，《山西日报》2010 年 1 月 14 日。

［44］ 王建秉：《繁峙县滹沱河治理项目》，《忻州日报》2009 年 11 月 26 日。

［45］ 张志刚：《滹沱河繁峙段综合治理工程竣工》，《发展导报》2009 年

9 月 25 日。

　　［46］吕龙平:《繁峙滹沱河县城段治理工程即将竣工》,《山西经济日报》2009 年 8 月 29 日。

　　［47］范学忠:《滹沱河"洗亮"了石家庄》,《农民日报》2009 年 8 月 21 日。

　　［48］李巧:《忻州 14 县都建起污水处理厂》,《中国环境报》2009 年 7 月 16 日。

　　［49］菅峻青:《我市念好生态文明"五字经"》,《忻州日报》2009 年 4 月 8 日。

　　［50］李巧:《忻州加强治理实现两河清》,《中国环境报》2009 年 4 月 7 日。

　　［51］菅峻青:《汾河、滹沱河水质达到三类标准》,《忻州日报》2009 年 3 月 31 日。

　　［52］张二保:《石家庄所有河流达到考核要求》,《中国环境报》2008 年 12 月 1 日。

　　［53］刘铁楞:《解放思想拓新路　创新实干谱新篇》,《衡水日报》2008 年 5 月 15 日。

　　［54］宋立新:《忻州市严控滹沱河流域环境污染》,《山西经济日报》2008 年 4 月 23 日。

　　［55］边利伟:《城生态整治扮靓省会"东花园"》,《河北经济日报》2008 年 4 月 14 日。

　　［56］刘力敏:《藁城请来军师治理水污染》,《中国环境报》2008 年 2 月 21 日。

　　［57］焦同喜:《石家庄滹沱河防洪综合整治工程开工》,《河北经济日报》2007 年 11 月 12 日。

　　［58］石磊:《滹沱河防洪综治工程开工》,《河北日报》2007 年 11 月 12 日。

　　［59］郭增瑞:《滹沱河》,《忻州日报》2007 年 11 月 4 日。

　　［60］唐宝贤:《千里滹沱好景不再》,《中国环境报》2007 年 10 月

30 日。

　　［61］李林德：《石家庄市政协主席集体视察效果好》，《人民政协报》2006 年 9 月 22 日。

　　［62］郑建苹：《石家庄——因水而美》，《中国建设报》2006 年 9 月 11 日。

　　［63］商棠：《水环树绕　宜居宜赏》，《河北经济日报》2006 年 7 月 3 日。

　　［64］吴炯：《倾听滹沱河的诉说》，《山西日报》2005 年 12 月 27 日。

　　［65］李福忠：《水清树绿会有时》，《人民政协报》2004 年 7 月 3 日。

　　［66］赵洪亮、肖德清、王建贞：《国务院南办考察中线河北段工程》，《中国水利报》2004 年 5 月 13 日。

　　［67］王向东：《中线滹沱河工程施工进展顺利》，《中国水利报》2004 年 4 月 22 日。

　　［68］孙玉民、金万福：《滹沱河畔竞风流》，《中国水利报》2004 年 1 月 15 日。

　　［69］李福忠：《石家庄市政协为滹沱河综合整治献计出力》，《人民政协报》2004 年 1 月 13 日。

　　［70］杨守勇、董智永：《"捉迷藏式"排污几时休》，《人民法院报》2003 年 5 月 16 日。

学位论文

　　［1］刘丽周：《河北工业"三废"污染治理研究（1950—1980 年代）》，硕士学位论文，河北师范大学，2013。

　　［2］牛犇：《黑龙港流域盐碱地治理与农业环境变迁研究（1949—1979）》，硕士学位论文，河北师范大学，2014。

　　［3］姜书平：《20 世纪 70—80 年代初河北环境问题研究》，硕士学位论文，河北师范大学，2008。

　　［4］来全宾：《1960 年代前期河北农村灾害救助研究》，硕士学位论文，河北师范大学，2008。

　　［5］胡思瑶：《20 世纪 50—80 年代河北省水井建设研究》，硕士学位论

文，河北师范大学，2013。

　　[6] 王金宽：《黄壁庄水库移民问题研究》，硕士学位论文，河北师范大学，2013。

　　[7] 郭琪：《20 世纪 50 年代河北环境问题研究》，硕士学位论文，河北师范大学，2006。

　　[8] 乞长生：《"一五"时期河北省植树造林事业研究》，硕士学位论文，河北师范大学，2014。

　　[9] 邢建贺：《新中国成立初期滹沱河整治与周边社会变迁——以河北段为例》，硕士学位论文，河北师范大学，2011。

　　[10] 薛元琦：《滹沱河区水资源问题研究及对策》，硕士学位论文，西北农林科技大学，2007。

　　[11] 台晓翔：《滹沱河中游文化圈研究》，硕士学位论文，河北师范大学，2017。

　　[12] 崔炳玉：《气候变化和人类活动对滹沱河区水资源变化的影响》，硕士学位论文，河海大学，2004。

　　[13] 张秀琴：《气候变化背景下我国农业水资源管理的适应对策》，博士学位论文，西北农林科技大学，2013。

　　[14] 李永胜：《水污染防治中公众参与问题研究》，博士学位论文，吉林大学，2014。

　　[15] 周晓蔚：《河口生态系统健康与水环境风险评价理论方法研究》，博士学位论文，华北电力大学，2008。

　　[16] 王资峰：《中国流域水环境管理体制研究》，博士学位论文，中国人民大学，2010。

期刊论文

　　[1] 张光辉、费宇红、张行南等：《滹沱河流域平原区地下水流场异常变化与原因》，《水利学报》，2008 年第 6 期。

　　[2] 王金哲、张光辉、严明疆等：《水坝建设对滹沱河流域平原区地下水系统干扰结果分析》，《南水北调与水利科技》，2009 年第 4 期。

　　[3] 赵旭阳、高占国、韩晨露等：《基于生态复杂性的湿地生态系统健康

评价——以石家庄地区滹沱河岗黄段为例》，《地理科学进展》，2008 年第 4 期。

　　［4］沈彦俊、宋献方、肖捷颖等：《石家庄地区近 70 年来伴随经济发展的水文环境变化分析》，《自然资源学报》，2007 年第 22 卷第 1 期。

　　［5］石超艺：《明以降滹沱河平原段河道变迁研究》，《中国历史地理论丛》，2005 年第 3 期。

　　［6］韩如意、赵鹏宇、付广军：《滹沱河山区气候和生态环境演变研究进展》，《忻州师范学院学报》，2014 年第 5 期。

　　［7］孙雷刚、郑振华：《基于 RS 的近 30 年滹沱河流域植被覆盖度动态变化研究》，《地理与地理信息科学》，2014 年第 6 期。

　　［8］赵鹏宇、冯文勇、步秀芹等：《近 55 年来滹沱河山区水资源变化规律与影响因素》，《水土保持研究》，2015 年第 1 期。

　　［9］吴东丽、上官铁梁、薛红喜等：《滹沱河湿地植物群落的种间关系研究》，《山西大学学报（自然科学版）》，2003 年第 1 期。

　　［10］上官铁梁、张金屯、张峰等：《滹沱河流域湿地植被类型及保护利用对策》，《农业环境保护》，2001 年第 1 期。

　　［11］王金哲、张光辉、聂振龙等：《滹沱河流域平原区人类活动强度的定量评价》，《干旱区资源与环境》，2009 年第 10 期。

　　［12］杨继富、李久生：《改善我国农村水环境的总体思路和建议》，《中国水利》，2006 年第 5 期。

　　［13］梅雪芹：《关于环境史研究意义的思考》，《学术研究》，2007 年第 8 期。

　　［14］蓝勇：《对中国区域环境史研究的四点认识》，《历史研究》，2010 年第 1 期。

　　［15］王先明：《环境史研究的社会史取向——关于"社会环境史"的思考》，《历史研究》，2010 年第 1 期。

　　［16］侯文蕙：《环境史和环境史研究的生态学意识》，《世界历史》，2004 年第 3 期。

　　［17］李根蟠：《历史视野与经济史研究——以农史为中心的思考》，《南

开学报》，2006 年第 2 期。

［18］汪志国：《20 世纪 80 年代以来生态环境史研究综述》，《古今农业》，2005 年第 3 期

［19］周琼：《环境史史料学刍论——以民族区域环境史研究为中心》，西南大学学报（社会科学版），2014 年第 6 期。

［20］邹逸麟：《有关环境史研究的几个问题》，《历史研究》，2010 年第 1 期。

［21］蓝勇：《对中国区域环境史研究的四点认识》，《历史研究》，2010 年第 1 期。

［22］陶婵娟：《中国大陆学者关于国外环境史的研究综述（1999—2006）》，《红河学院学报》，2008 年第 4 期。

［23］潘明涛：《2010 年中国环境史研究综述》，《中国史研究动态》，2012 年第 1 期。

［24］徐正蓉：《中国环境史史料研究综述》，《保山学院学报》，2014 年第 6 期。

［25］高燕：《城乡水资源分配不公问题及对策》，《水利经济》，2002 年第 1 期。

［26］邵文英：《中共中央选址西柏坡原因之综述》，《党史博采》，2015 年第 9 期。

［27］孙砚峰、李剑平、李巨勇等：《滹沱河湿地石家庄段水鸟群落结构及多样性》，《四川动物》，2012 年第 2 期。

［28］张瑞钢、莫兴国、林忠辉：《滹沱河上游山区近 50 年蒸散变化及主要影响因子分析》，《地理科学》，2012 年第 5 期。

［29］崔建军、郑振华、张韬：《河北省太行山区水库下游河道生态恶化特征及成因分析——以滹沱河下游河道为例》，《中国集体经济》，2015 年第 3 期。

［30］朱会苏：《黄壁庄水库鱼类种类变化初探》，《河北渔业》，2015 年第 2 期。

［31］李荣、张素珍、赵旭阳：《滹沱河流域（岗黄段）繁殖鸟类现状调

查分析》,《石家庄学院学报》, 2005 年第 3 期。

　　[32] 史人宇、崔亚莉、赵婕等:《滹沱河地区地下水适宜水位研究》,《水文地质工程》, 2013 年第 2 期。

　　[33] 邵宗博:《华北干旱河道生物体系生态修复策略研究及实践——以石家庄滹沱河子龙大桥西段为例》,《中国园林》, 2013 年第 9 期。

　　[34] 裴青、贾建和:《石家庄市水环境问题与综合整治》,《地理学与国土研究》, 1996 年第 3 期。

　　[35] 姜雪、赵文吉、董双发:《遥感资料在生态环境调查研究中的应用——以滹沱河石家庄市区段调查为例》,《首都师范大学学报（自然科学版）》, 2006 年第 6 期。

　　[36] 吴东丽、上官铁梁、张金屯等:《滹沱河流域湿地植被优势种群生态位研究》,《应用与环境生物学报》, 2006 年第 6 期。

　　[37] 毕远山:《滹沱河流域水资源与水环境变化分析》,《水科学与工程技术》, 2014 年第 3 期。

　　[38] 孙砚峰、李东明、李剑平等:《河北省滹沱河中游湿地鸟类多样性研究》,《四川动物》, 2014 年第 2 期。

　　[39] 田建文、赵旭阳:《滹沱河岗黄段湿地人类活动影响评价研究》,《中国水土保持》, 2007 年第 2 期。

　　[40] 杨桦:《滹沱河（石家庄市区段）植物资源调查及物种推荐》,《河北林果研究》, 2011 年第 2 期。

　　[41] 苏化龙、刘焕金:《滹沱河上游湿地繁殖鸟类研究》,《动物学杂志》, 1997 年第 2 期。

　　[42] 吴东风、朱永刚、卜工:《河北滹沱河流域考古调查与试掘》,《考古》, 1993 年第 4 期。

　　[43] 张晓斌等:《滹沱河水质污染现状及生态环境保护措施》,《山西水利科技》, 2017 年第 4 期。

　　[44] 赵鹏、何江涛、王曼丽等:《地下水污染风险评价中污染源荷载量化方法的对比分析》,《环境科学》, 2017 年第 38 期。

　　[45] 杜宏伟、马月林:《对滹沱河流域生态修复与保护的建议——以山

西省忻州市为例》,《中国水利》,2016 年第 11 期。

［46］贾素娜:《石家庄市水文化建设的实践和探索——以滹沱河为例》,《内蒙古水利》,2016 年第 1 期。

［47］赵鹏宇、冯文勇、步秀芹等:《滹沱河忻州段生态系统健康评价》,《山西农业大学学报（自然科学版）》,2015 年第 5 期。

［48］赵鹏宇、崔嫱、冯文勇等:《滹沱河流域忻州段地表水功能区水质变化趋势分析》,《干旱地区农业研究》,2015 年第 33 期。

［49］程双虎、王海宁、刘佳等:《滹沱河径流变化分析》,《南水北调与水利科技》,2014 年第 12 期。

中文著作

［1］汪恕诚:《人水和谐 科学发展》,北京:中国水利水电出版社,2013 年。

［2］曲格平:《曲之探索:中国环境保护方略》,北京:中国环境科学出版社,2010 年。

［3］康大为:《中国环境史研究理论与方法》,北京:中国环境科学出版社,2009 年。

［4］王利华:《历史上的环境与社会》,北京:生活·读书·新知三联书店,2007 年。

［5］王利华:《中国环境史研究理论与探索》,北京:中国环境科学出版社,2013 年。

［6］梅雪芹:《环境史研究叙论》,北京:中国环境出版社,2011 年。

［7］梅雪芹:《生态文明决策者必读丛书·直面危机:社会发展与环境保护》,北京:中国科学技术出版社,2014 年。

［8］《环境觉醒——人类环境会议和中国第一次环境保护会议》,北京:中国环境科学出版社,2010 年。

［9］戴建兵:《环境史研究》,天津:天津古籍出版社,2013 年。

［10］王峰、戴建兵:《滹沱河史料集》,天津:天津古籍出版社,2012 年。

［11］王腊春:《中国水问题》,南京:东南大学出版社,2007 年。

［12］肖显静:《环境与社会——人文视野中的环境问题》,北京:高等教育出版社,2010 年。

[13] 孙道进：《马克思主义环境哲学》，北京：人民出版社，2008 年。

[14] 杨冠政：《环境伦理学概论》，北京：清华大学出版社，2013 年。

[15] 熊治平：《河流概论》，北京：中国水利水电出版社，2011 年。

[16] 田丰：《环境史：从人与自然的关系叙述历史》，北京：商务印书馆，2011 年。

[17] 乔清举：《河流的文化生命》，北京：黄河水利出版社，2007 年。

[18] 侯全亮、李肖强：《论河流健康生命》，郑州：黄河水利出版社，2007 年。

[19] 林洪孝：《水资源管理理论与实践》，北京：中国水利水电出版社，2003 年。

[20] 姜文来：《水资源价值论》，北京：科学出版社，1999 年。

[21]《河北生态环境保护》，北京：中国环境科学出版社，2011 年。

[22]《河北环境污染防治》，北京：中国环境科学出版社，2011 年。

[23] 窦明、左其亭：《水环境学》，北京：中国水利水电出版社，2014 年。

[24] 杨立信编译：《水利工程与生态环境》，黄河水利出版社，2004 年。

[25] 王树才、肖明学：《河北省航运史》，北京：人民交通出版社，1988 年。

[26] 赵鹏宇：《忻州市滹沱河区生态保护研究》，太原：山西人民出版社，2015 年。

[27] 黄森慰：《农村水环境管理研究》，北京：中国环境出版社，2013 年。

[28] 王腊春等：《中国水问题》，南京：东南大学出版社，2007 年。

[29] 聂永丰等：《三废处理工程技术手册》，北京：化学工业出版社，2000 年。

[30] 李强等：《中国水问题——水资源与水管理的社会学研究》，北京：中国人民大学出版社，2005 年。

[31] 杨继富、李久生：《农村水环境管理》，北京：中国环境出版社，2013 年。

[32] 何慧爽：《河南省水资源与社会经济发展交互问题研究》，北京：中国水利水电出版社，2015 年。

[33] 王亚华：《中国水利发展阶段研究》，北京：清华大学出版社，2013 年。

[34] 侯全亮、李肖强：《河流健康生命》，北京：黄河水利出版社，2007 年。

[35] 杜学德主编：《河北民俗》，甘肃人民出版社，2004 年。

外文译著

[1]［美］蕾切尔·卡逊著：《寂静的春天》，恽如强、曹一林译，北京：中国青年出版社，2017 年。

[2]［美］J. 唐纳德·休著：《世界环境史——人类在地球生命中的角色转变》，赵长凤、王宁译，北京：电子工业出版社，2014 年。

[3]［美］安东尼. N. 彭纳（Anthony N. Penna）：《人类的足迹：一部地球环境的历史 》，张新、王兆润译，北京：电子工业出版社，2013 年。

[4]［美］德内拉·梅多斯，［美］乔根·兰德斯，［美］丹尼斯·梅多斯著：《增长的极限》，李涛、王智勇 译，北京：机械工业出版社，2013 年。

外文论文

[1] Leslie B. Wood, *The Restoration of the Tidal Thames*, Bristol：Adam. 1982.

[2] J. Donald Hughes, *What is Enviromental History Combridge*：*Polity* Press，2006.

[3] Donald Worster, *Rivers of Empire：Water, Aridity, and the Growth of the American West*, Pantheon Books，1985.

[4] Joseph E. Taylor, *Making Salmon：An Environmental History of the Northwest Fisheries Crisis*, Seattle, WA：University of Washington Press，1999.

[5] Donald Worster, *A River Running West：The Life of John Wesley Powell*, Oxford University Press，2001.

附　录

一、"滹沱河流域水环境变迁与区域社会发展"调研问卷

水生态环境变迁与区域社会人类的水生态意识息息相连，为充分反映滹沱河流域水生态环境变迁下的社会心态意识，本书通过社会调研方法，力求探究和反映滹沱河流域水生态环境变迁下的人类主观意识的状况。

一方面，借助于现代信息技术手段，通过百度 MTC 进行线上发布调研问卷，获取相关数据；另一方面，通过线下调研方式，深入企业、工厂、学校、城市社区、农村等地进行调研；地区涉及山西省定襄县、繁峙县、河北省平山县、深泽县、无极县、献县等区域；人群涉及农民、机关干部、企业职工、大学生、个体工商业者等。

您好：我们是《滹沱河流域水环境变迁与区域社会发展》课题组，为了进一步了解滹沱河流域水环境变迁与区域社会生产、生活的互动关系，麻烦您完成以下调研问卷。让我们共同为改善滹沱河流域水生态环境而努力。

1. 您的年龄？

2. 您的性别？

男（　　）女（　　）

3. 您的职业？

农民（　　）工人（　　）学生（　　）机关干部（　　）教师（　　）企业管

理者（　）公司职员（　）其他（　）

4. 您的文化程度？

（1）小学（　）（2）中学（　）（3）　大学（　）　　（4）研究生（　）
（5）其他（　）

5. 您的居住地？

（1）农村（　）（2）县城（城市）（　）（3）郊区（　）

6. 您认为当前滹沱河流域的水资源紧张程度是：

（1）很严重（　）（2）较严重（　）（3）有些问题（　）4）不紧张（　）

7. 您认为造成当前水资源紧张的原因是（多项选择）：

（1）水资源不足（　　）（2）水利设施不足（　　）（3）农业灌溉面积较
大（　　）（4）水资源分配不当（　　）（5）水资源浪费较严重（　　）（6）工
业用量大（　　）

8. 您认为当前滹沱河流域的水污染程度是：

（1）很严重（　）（2）较严重（　）（3）有些问题（　）（4）没有污
染（　）

9. 关于水污染问题，造成水污染的原因有（多项选择）：

（1）工业企业排放（　　）（2）大量使用化肥和农药（　　）（3）过度使用
水资源（　　）（4）水利管理不当（　　）（5）生活污水（　　）

10. 关于滹沱河流域农业过度开发问题，您认为：

（1）比较严重（　）（2）有些严重（　）（3）正常（　）

11. 关于滹沱河流域农业过度开发的原因是什么（多项选择）：

（1）增加家庭收入（　　）（2）人口的增加（　　）（3）农民个人开
荒（　　）（4）其他原因（　　）

12. 由于农业过度开发造成的不良影响有哪些？（多项选择）：

（1）过度使用地下水（　　）（2）中下游水量减少（　　）（3）其他影响

13. 您认为滹沱河流域工业过度开发的程度是：

（1）有些问题（　）（2）比较严重（　）（3）非常严重（　）（4）没
有问题（　）

14. 您认为工业过度建设的原因是（多项选择）：

（1）发展当地经济的需要（　　）（2）政府为了增加收入（　　）（3）政府为了增加就业（　　）（4）其他原因（　　）

15. 您认为工业过度建设造成的后果有（多项选择）：

（1）过度使用地下水（　　）（2）污染生活用水（　　）（3）污染河水（　　）（4）其他（　　）

16. 您的家庭月用水量大约是多少？_____ 吨

17. 您了解当地是否存在有因为争夺水资源出现的社会冲突？

（1）很普遍（　　）（2）不太多（　　）（3）很少（　　）（4）没有（　　）

18. 村里打井是否需要政府审批？

（1）需要，很严格（　　）（2）需要但是不严格（　　）（3）不需要，随便（　　）

19. 您的家里有如下家用电器吗？

（1）洗衣机（　　）（2）热水器（　　）（3）净水器（　　）（4）水暖气（　　）（5）抽水马桶（　　）

20. 您家生活用水的主要来源是：

（1）自家水井（　　）　　　　（2）挑水（　　）　　　　（3）自来水（　　）（4）其他（　　）

21. 对目前的水费标准，您觉得负担大不大？

（1）负担很大（　　）（2）负担较大（　　）（3）负担较小（　　）（4）没有负担（　　）

22. 您所在的地方有没有节约水资源，珍惜水资源的宣传教育？

（1）有，很重视（　　）（2）有，一般重视（　　）（3）没有（　　）

23. 您希望有关部门提供农村水环境治理服务吗？

（1）十分强烈（　　）（2）不需要（　　）（3）一般（　　）（4）可有可无（　　）

24. 您希望农村水环境服务的主体是？

（1）政府供给（　　）（2）集体供给（　　）（3）合作供给（　　）（4）企业市场化供给（　　）

25. 您愿意为有关部门提供的水环境治理服务付出一定的费用吗？

（1）非常愿意（　　）（2）一般（　　）（3）不情愿（　　）

二、滹沱河流域水生态环境变迁访谈提纲

1. 您对滹沱河流域水环境变化的感受是什么？

2. 当地如何利用水资源进行经济开发？

3. 水库修建前后，当地水环境有什么变化？

4. 地下水开采造成了哪些环境问题？

5. 面对水资源紧张，生活方式发生哪些变化？

6. 面对水资源紧张，农业生产方式有哪些改变？

7. 面对水资源紧张，当地老百姓的观念有什么改变？

8. 当地有没有和水相关的风俗习惯？

9. 面对水资源紧张，我们有哪些应对方式？

10. 当地水污染的情况是什么？

11. 水污染的原因是什么？

12. 对于水污染问题，给您带来了哪些影响？

13. 对于水污染，您有什么办法或建议？

14. 谈一下当地因为水问题所出现的社会冲突？

三、文中部分地名沿革说明

藁城区：原为藁城县，1989 年 7 月撤县建市，遂称藁城市。2014 年 9 月 23 日，国务院批复了河北省人民政府关于石家庄市部分行政区划调整的请示，撤销县级藁城市，设立石家庄市藁城区。至此，藁城市变为藁城区。

栾城区：原为石家庄市栾城县，2014 年 9 月，国务院关于同意河北省调整石家庄市部分行政区划的请示，同意撤销县级栾城县，设立石家庄市栾城区，以原栾城县行政区域为栾城区行政区域。

鹿泉区：中华人民共和国成立后，获鹿县属石家庄专区。1958 年 12 月 20 日撤销获鹿县，并入石家庄市。1960 年 6 月 26 日原获鹿县辖区并入井陉县。1962 年 3 月 27 日以原辖区复置获鹿县，仍属石家庄专区。1970 年石家庄专区改称石家庄地区，辖获鹿县。1983 年 11 月 15 日获鹿县划归石家庄市。

1994 年 5 月 18 日经国务院批准，撤销获鹿县，设立鹿泉为市，但仍属石家庄市。2014 年 9 月，国务院关于同意河北省调整石家庄市部分行政区划的请示，同意撤销县级鹿泉市，设立石家庄市鹿泉区，以原鹿泉市行政区域为鹿泉区行政区域。

晋州市：原为晋县，1991 年撤晋县设晋州市后，归石家庄市管辖，为石家庄下属县级市。

深州市：河北省衡水市下辖县级市，1994 年 6 月，撤县建市。

辛集市：1949 年 10 月 26 日，辛集市改为辛集镇，直属石家庄行政督察专员公署领导。撤销旧城镇改为区级镇。1954 年 4 月 1 日，束鹿县与辛集镇合并，辛集镇由专辖镇改为县辖镇。1958 年 11 月 12 日，晋县、深泽、束鹿三县合并，称束鹿县，县委、县政府驻辛集镇。1961 年 5 月 5 日，束鹿县与晋县分设，将 8 个大公社化为 30 个小公社。1986 年 3 月 5 日，经国务院批准，撤销束鹿县，设立辛集市（县级），以原束鹿县的行政区域为辛集市的行政区域。2013 年 6 月，辛集市被确定为第一批省直管县（市）体制改革试点县（行政区划隶属关系不变，仍属石家庄市）。

原平市：1958 年 12 月人民政府迁县治于原平，改称原平县。1993 年 6 月 7 日经山西省人民政府报请国务院批准撤县设市，称原平市（省直辖，忻州代管）。

后　记

自求学以来，我一直关注"水"问题。硕士求学期间开始关注"河北根治海河运动"，自2014年攻读博士学位后，我把水问题和生态环境融合到一起，试图探寻水环境变迁与区域社会发展的辩证关系。此书即为我博士求学期间的学术成果。

在这里，首先感谢我的博士生导师许清海先生，四年的博士求学生涯中，无论"做人"还是"做事"，先生的言传身教都让我受益终生。先生从论文选题、写作过程等给予了我悉心的指导和教诲，尤其是从学科交融的视角为我指点迷津。同时，先生严谨的治学态度，以学术为乐，追求学术的"真善美"是我毕生追求之境界。由于自身才疏学浅，每每在先生面前，总会感受到一种不安和愧疚。

此外，我的硕士生导师河北师范大学张同乐教授也为本书写作提供了很多的指导和建议。

此书的出版还要感谢石家庄铁道大学马克思主义学院的诸位领导和同事、人民出版社邵永忠先生给予的支持、理解和鼎力相助，在这里，一并表示感谢。

由于环境问题属于跨学科研究，需要多学科融入，才能真正挖掘出环境表象后所隐藏的驱动机制。虽然我试图从环境社会史的视角，来尽力勾勒出流域水环境变迁与社会演变的互动关系，但是由于个人研究能力水平有限，书中还存在许多不尽如人意之处，也希望在以后的学习和研究中逐步完善和提高。

　　本书为作者 2016 年承担的河北省社会科学基金项目《滹沱河流域水环境变迁与区域社会发展研究（1949—2009）》结项成果，项目编号：HB16LS024。

张学礼

2019 年 7 月 21 日于石门

责任编辑：邵永忠

封面设计：黄桂月

图书在版编目（CIP）数据

新中国70年华北平原水生态环境的变迁：以滹沱河流域为例 / 张学礼，许清海　著
. —北京：人民出版社，2019.12

ISBN 978-7-01-021122-0

Ⅰ．①新…　Ⅱ．①张…　②许…　Ⅲ．①滹沱河—流域—区域水环境—区域生态环境—
变迁—研究　Ⅳ．① X321.22

中国版本图书馆 CIP 数据核字（2019）第 167492 号

新中国 70 年华北平原水生态环境的变迁

XINZHONGGUO 70 NIAN HUABEI PINGYUAN SHUISHENGTAI HUANJING DE BIANQIAN

——以滹沱河流域为例

张学礼　许清海　著

人 民 出 版 社 出版发行

（北京市东城区隆福寺街 99 号）

天津文林印务有限公司印刷　新华书店经销

2019 年 12 月第 1 版　2019 年 12 月北京第 1 次印刷

开本：710 毫米 × 1000 毫米　1/16　印张：11.5　字数：185 千字

ISBN 978-7-01-021122-0　定价：45.00 元

邮购地址　100706　北京市东城区隆福寺街 99 号金隆基大厦

网址：http://www.peoplepress.net

人民东方图书销售中心　电话（010）65250042　65289539